卓越工程技术人才培养特色教材

Visual Basic 程序设计 实验实训教程

主　编　党向盈

主　审　程显毅

副主编　陆　杨　　黄小林

　　　　鲁　松　　段　旭

编委会　(按姓氏笔画为序)

　　　　肖　猛　　陆　杨　　侯晶晶

　　　　段　旭　　党向盈　　黄小林

　　　　程显毅　　鲁　松　　潘　舒

江苏大学出版社
JIANGSU UNIVERSITY PRESS

镇　江

图书在版编目(CIP)数据

Visual Basic 程序设计实验实训教程/党向盈主编
.—镇江:江苏大学出版社,2013.7
ISBN 978-7-81130-500-5

Ⅰ.①V… Ⅱ.①党 Ⅲ.①
BASIC 语言－程序设计－高等学校－教材 Ⅳ.①TP312

中国版本图书馆 CIP 数据核字(2013)第 143738 号

Visual Basic 程序设计实验实训教程

主　　编/党向盈
责任编辑/吴昌兴　徐　婷
出版发行/江苏大学出版社
地　　址/江苏省镇江市梦溪园巷 30 号(邮编:212003)
电　　话/0511-84446464(传真)
网　　址/http://press.ujs.edu.cn
排　　版/镇江文苑制版印刷有限责任公司
印　　刷/丹阳市兴华印刷厂
经　　销/江苏省新华书店
开　　本/787 mm×1 092 mm　1/16
印　　张/11.5
字　　数/290 千字
版　　次/2013 年 7 月第 1 版　2013 年 7 月第 1 次印刷
书　　号/ISBN 978-7-81130-500-5
定　　价/27.00 元

如有印装质量问题请与本社营销部联系(电话:0511-84440882)

江苏省卓越工程技术人才培养特色教材建设
指导委员会

序

深化高等工程教育改革、提高工程技术人才培养质量，是增强自主创新能力、促进经济转型升级、全面提升地区竞争力的迫切要求。近年来，江苏高等工程教育飞速发展，全省46所普通本科院校中开设工学专业的学校有45所，工学专业在校生约占全省普通本科院校在校生总数的40%，为"十一五"末江苏成功跻身全国第一工业大省做出了积极贡献。

"十二五"时期是江苏加快经济转型升级、发展创新型经济、全面建设更高水平小康社会的关键阶段。教育部"卓越工程师教育培养计划"启动实施以来，江苏认真贯彻教育部文件精神，结合地方高等教育实际，着力优化高等工程教育体系，深化高等工程教学改革，努力培养造就一大批创新能力强、适应江苏社会经济发展需要的卓越工程技术后备人才。

教材建设是人才培养的基础工作和重要抓手。培养高素质的工程技术人才，需要遵循工程技术教育规律，建设一套理念先进、针对性强、富有特色的优秀教材。随着知识社会和信息时代的到来，知识综合、学科交叉趋势增强，教学的开放性与多样性更加突出，加之图书出版行业体制机制也发生了深刻变化，迫切需要教育行政部门、高等学校、行业企业、出版部门和社会各界通力合作，协同作战，在新一轮高等工程教育改革发展中抢占制高点。

2010年以来，江苏大学出版社积极开展市场分析和行业调研，先后多次组织全省相关高校专家、企业代表就应用型本科人才培养和教材建设工作进行深入研讨。经各方充分协商，拟定了"江苏省卓越工程技术人才培养特色教材"开发建设的实施意见，明确了教材开发总体思路，确立了编写原则：

一是注重定位准确，科学区分。教材应符合相应高等工程教育的办学定位和人才培养目标，恰当把握与研究型工程人才、设计型工程人才及技能型工程人才的区分度，增强教材的针对性。

二是注重理念先进，贴近业界。吸收先进的学术研究与技术成果，适应经济转型升级需求，适应社会用人单位管理、技术革新的需要，具有较强的领先性。

三是注重三位一体,能力为重。紧扣人才培养的知识、能力、素质要求,着力培养学生的工程职业道德和人文科学素养、创新意识和工程实践能力、国际视野和沟通协作能力。

四是注重应用为本,强化实践。充分体现用人单位对教学内容、教学实践设计、工艺流程的要求以及对人才综合素质的要求,着力解决以往教材中应用性缺失、实践环节薄弱、与用人单位要求脱节等问题,将学生创新教育、创业实践与社会需求充分衔接起来。

五是注重紧扣主线,整体优化。把培养学生工程技术能力作为主线,系统考虑、整体构建教材体系和特色,包括合理设置课件、习题库、实践课题以及在教学、实践环节中合理设置基础、拓展、复合应用之间的比例结构等。

该套教材组建了阵容强大的编写专家及审稿专家队伍,汇集了国家教学指导委员会委员、学科带头人、教学一线名师、人力资源专家、大型企业高级工程师等。编写和审稿队伍主要由长期从事教育教学改革实践工作的资深教师、对工程技术人才培养研究颇有建树的教育管理专家组成。在编写、审定教材时,他们紧扣指导思想和编写原则,深入探讨、科学创新、严谨细致、字斟句酌,倾注了大量的心血,为教材质量提供了重要保障。

该套教材在课程设置上基本涵盖了卓越工程技术人才培养所涉及的有关专业的公共基础课、专业公共课、专业课、专业特色课等;在编写出版上采取突出重点、以点带面、有序推进的策略,成熟一本出版一本。希望大家在教材的编写和使用过程中,积极提出意见和建议,集思广益,不断改进,以期经过不懈努力,形成一套参与度与认可度高、覆盖面广、特色鲜明、有强大生命力的优秀教材。

江苏省教育厅副厅长 丁晓昌

2012 年 8 月

前　言

　　"卓越工程师教育培养计划"对促进高等教育面向社会需求、培养人才、全面提高工程教育人才质量具有十分重要的示范和引导作用。本书是卓越工程师计划系列教材中《Visual Basic 程序设计教程》一书(江苏大学出版社出版)的配套指导教材。全书设置实验和实训两大部分,实验部分共分 14 章。各教学单位可根据自身情况进行选择。

　　实验部分:以章节为单位,设置 19 个实验,目的是在实践中掌握语言知识,培养程序设计基本能力,逐步理解、掌握程序设计思想和方法。内容包括 VB 应用基础、程序设计基础、基本控制结构、数组、过程、高级控件、数据库等主要知识点。实验由实验目的、实验内容、实验分析、实验操作步骤(代码)四大部分组成。实验目的主要对每个实验的意义、需要掌握的知识点进行重点概述;实验内容力求突出代表性、典型性和实用性,涵盖各章重要知识点和拓展知识;实验分析主要引导学生从不同的角度分析问题、解决问题和开拓思维;实验操作步骤要求学生书写代码或完善程序,从而巩固和提高编程水平。

　　实训部分:实训内容不是简单总结归纳教材中的相关内容,而是就 VB 设计中最基本、最重要、最实用的内容从另一个视角进行诠释,更有利于各种技能整体的综合训练,目的是提高读者综合知识的运用能力。

　　本书主要特点:

　　(1) 强化培养学生的工程能力和创新能力,这是"卓越工程师教育培养计划"的主要目标之一。为了在教学中贯彻这一目标,实验部分的重点、难点、知识讲解主要从与教材不同的角度对知识点进行阐述、归纳和总结,并补充、扩展工程化技能需要的一些知识。实训部分强调项目的实用性。

　　(2) 按通用标准和行业标准培养工程人才。VB 只是学习程序设计的一个窗口,本教材可使学生理解程序设计的本质(算法化思维),能熟练用面向对象的方法给实际应用建模(模块化思维),加强数据库、人机交互等行业背景的渗透。

　　本书由具有教学经验的一线教师共同编写。参加本书编写的有:南通大学程显毅老师(第十二章、第十四章、实训一)、鲁松老师(第十三章、实训三);江苏科技大学段旭老师(第一章、第十章、实训二)、潘舒老师(第七章);徐州工程学院侯晶晶老师(第二章、第五章)、陆杨老师(第四章、第九章)、黄小林老师(第三章、实训四)、党向盈老师(第六章);南京理工大学肖猛老师(第八章、第十一章、实训五)。全书由党向盈老师负责统稿,程显毅老师主审。

本书可以作为高等学校、高职高专院校 VB 程序设计的实验实训指导教材,也可作为计算机等级考试和广大读者的自学辅助用书。

在编写本书的过程中,我们参阅了许多国内外 VB 教材,在此对这些作者表示感谢。

尽管本书在探索提高学生计算机程序设计能力方面做了不少努力,但由于编者水平有限,书中难免存在疏漏和不足之处,敬请广大读者批评指正,我们将及时修订并改进。

编　者

2013 年 5 月

◎目　录◎

第一篇　Visual Basic 实验

第二篇　Visual Basic 实训

第一篇

Visual Basic 实验

第1章

认识 Visual Basic

Visual Basic(简称VB)是第三代 Basic 语言,不但秉承了 Basic 语言易学易用的优点,而且增加了图形界面设计工具。

【重点】

(1) VB 的开发环境。

(2) 控件(工具)箱的识别。

(3) 开发程序的基本步骤。

【难点】

(1) 事件的驱动原理。

(2) 对象如何响应事件。

【知识讲解】

1. VB 中的几个常用术语

工程(Project):指用于创建一个应用程序的文件的集合。

对象(Object):指一个可操作的可视化的实体,VB 中主要有两类对象——窗体和控件。

窗体(Form):应用程序的用户界面,即 Windows。

控件(Control):指各种按钮、标签、文本框等。

属性(Property):指对象的特性,如大小、标题或颜色。

2. VB 集成开发环境(Integrated Developing Environment,IDE)

由以下元素组成:

(1) 标题栏

用于显示正在开发或调试的工程名和系统的工作状态(设计态、运行态、中止态)。

(2) 菜单栏

用于显示所使用的 VB 命令,包括 VB 标准菜单。

(3) 工具栏

在编程环境下用于快速访问常用命令。缺省情况下,启动 VB 后显示"标准"工具栏,附加的编辑、窗体设计和调试的工具栏可以从"视图"菜单上的"工具栏"命令中移进或移出。

（4）窗体设计器

启动 VB 后，窗体设计器中自动出现一个名为 Form1 的空白窗体，它用来设计应用程序的界面。可以在该窗体中添加控件、图形和图片等来创建所希望的外观，窗体的外观设计好后，可从菜单中选择"文件|保存"进行保存，在保存对话框中给出合适的文件名（注意扩展名），并选择所需的保存位置。需要再设计另一个窗体时，单击工具栏上的"添加窗体"按钮即可。

（5）控件（工具）箱

控件（工具）箱由一组控件按钮组成，用于设计时在窗体中放置控件。除了缺省的工具箱布局之外，还可以通过从弹出式菜单中选定"添加选项卡"并在结果选项卡中添加控件创建自定义布局。

（6）弹出式（上下文）菜单

在要操作的对象上单击鼠标右键即可打开快捷菜单，其上会出现与当前对象相关的经常执行的操作，以加快操作速度。

（7）工程管理器窗口

用于浏览工程中所包含的窗体和模块，还可以从中查看代码和对象。

（8）属性窗口

它是 VB 中一个比较复杂的窗口，其中列出了对选定对象的属性设置值。VB 中正是通过改变属性来改变对象的特征，如大小、标题或颜色。

（9）对象浏览器

列出工程中有效的对象，并提供在编码中漫游的快速方法。可以使用"对象浏览器"浏览在 VB 中的对象和其他应用程序，查看对那些对象有效的方法和属性，并将代码过程粘贴进自己的应用程序。

（10）代码浏览器

VB 的程序代码是针对某一对象事件编写的，一个对象可以有多个事件。打开代码编辑器的方法为：① 选择对象，单击工程资源管理器的"查看代码"菜单项，进入程序代码窗口；② 直接双击命令按钮进入程序代码窗口；③ 选中对象，单击右键，选择"查看代码"菜单项，进入程序代码窗口。

（11）窗体布局窗口

允许使用表示屏幕的小图像来布置应用程序中各窗体的位置。

（12）立即、本地和监视窗口

这些附加窗口是为调试应用程序而提供的。值得注意的是，它们只在 IDE 中运行应用程序时才有效。

实验一　Visual Basic 初步应用

【实验目的】

（1）熟悉 VB 集成开发环境。

（2）学习怎样启动和退出 VB。

（3）掌握开发一个简单程序的基本步骤。

（4）掌握简单代码的编写。

【实验内容】

【1-1】　启动/退出 VB 集成开发环境。

（1）启动 VB 的方法

方法一：先单击任务栏上的"开始"按钮，再选择"程序"文件夹，接着选取"Microsoft Visual Basic 6.0 中文版"文件夹，再选取"Microsoft Visual Basic 6.0 中文版"项，如图 1 所示。

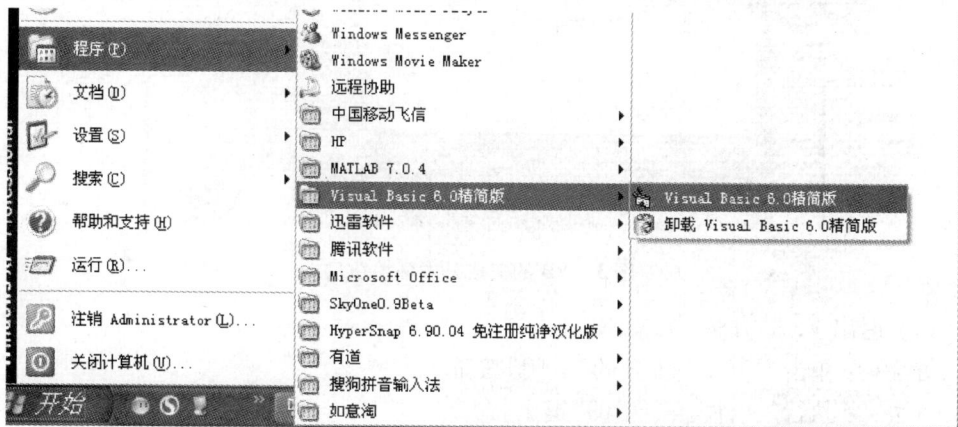

图 1　启动 VB(方法一)

方法二：在桌面创建一个 Microsoft Visual Basic 6.0 快捷方式，双击该快捷方式图标。

VB 启动后，出现 VB 6.0 的"新建工程"对话框（见图 2），单击"打开"按钮，带有一个窗体的新工程将被创建，并可以看到 VB 集成开发环境的界面，如图 3 所示。有的系统启动后可直接进入如图 3 所示的界面。

图 2　VB 6.0 的"新建工程"对话框

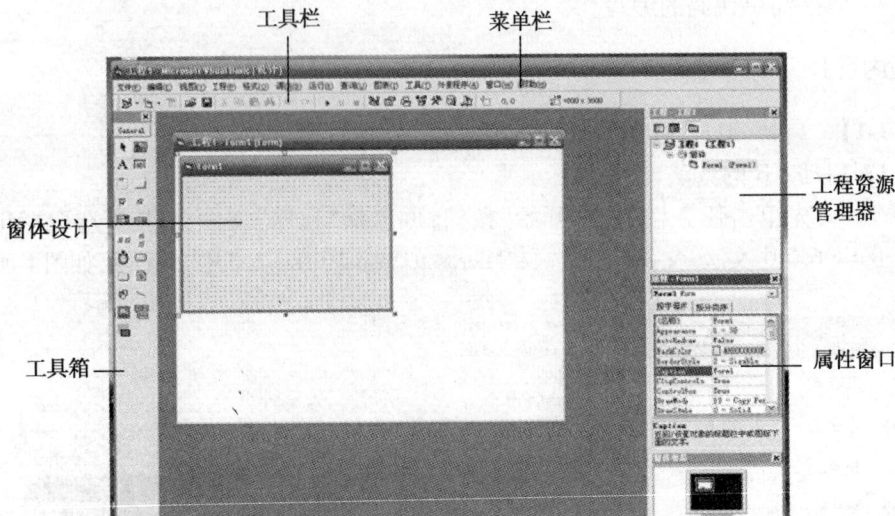

图 3　VB 的集成开发环境窗口

（2）退出 VB 的方法

方法一：单击主窗口右上角的"关闭"按钮。

方法二：执行"文件"菜单中的"退出"命令。

方法三：按 Alt + Q 键。

【1-2】　开发一个简单程序。

实验要求：新建一工程，在窗体（Form）上添加一个标签（Label），当单击窗体时标签（Label）显示"床前明月光"。

实验步骤：

（1）新建工程

在桌面上双击 Microsoft Visual Basic 6.0 快捷方式图标，系统进入 Visual Basic 6.0 集成开发环境，并显示"新建工程"对话框，默认选择是建立"标准 EXE"（即标准工程）。单击"打开"按钮，Visual Basic 6.0 进入设计模式。

单击"文件"菜单，选择"新建工程"菜单项也可进入设计模式。

（2）设计界面

在系统提供的名为 Form1 的窗体上进行界面设计。单击工具箱上的标签（Label）控件，在窗体上添加标签的位置处按下鼠标左键，并拖动调整虚框的大小，松开鼠标，此时标签控件就被添加到窗体上了。初始界面如图 4 所示。

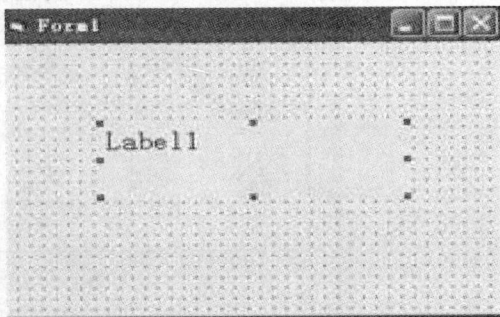

图 4　初始界面

（3）设置属性（见表 1）

表 1　属性设置

对象	属性	属性值
Form1	Caption	我的第一个 VB 程序
Label1	Caption	

设置属性后的界面如图 5 所示。

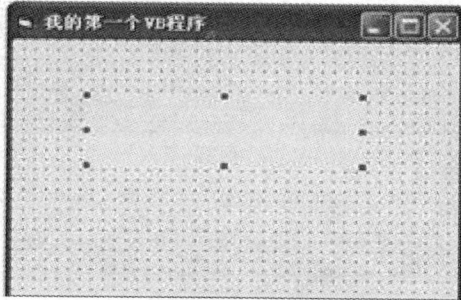

图 5　设置属性后的界面

（4）编写程序代码

```
Private Sub Form_Click( )
    Label1.Caption = "床前明月光"
End Sub
```

（5）运行程序

① 单击工具栏上的"启动"按钮；

② 从"运行"菜单中选择"启动"菜单项；

③ 按 F5 键。

例如，单击工具栏上的"启动"按钮运行程序后，单击窗体，程序运行效果如图 6 所示。

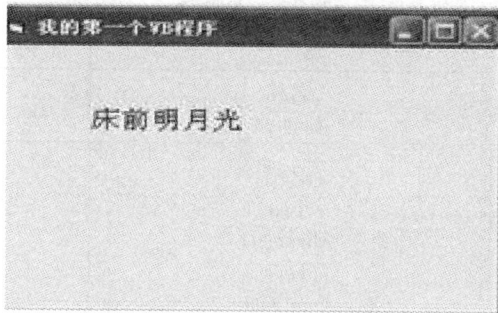

图 6　程序运行效果

（6）保存程序

单击工具栏中的"保存"按钮或单击"文件"菜单中的"保存工程"菜单项，选择合适的保存路径，先保存窗体文件（例如窗体文件名为"实验一. frm"），然后保存工程文件（例如工程文件名为"实验一. vbp"）。

（7）将 VB 工程编译生成可执行文件

单击"文件"菜单中的"生成实验一.exe"菜单项，就可以生成可执行的.exe 文件。
退出 VB 集成开发环境，双击"实验一.exe"文件，就可以直接运行该文件。

【1-3】 建立一个 VB 应用程序。

实验要求：单击"显示内容"按钮时，文本框中出现红色的"Hello，Visual Basic！"的文字；单击"清屏"按钮时，文本框中文字消失；单击"结束"按钮后，程序结束。应用程序界面如图 7 所示。

图 7　一个 VB 程序

实验步骤：

（1）新建工程

程序中有 1 个窗体 Form1。

（2）设计界面及属性

程序中有 1 个窗体，窗体中有 1 个文本框和 3 个按钮，其属性见表 2。

表 2　属性设置

对象名称	属　　性	属性值
窗体	（名称） Caption	Form1 VB，你好！
文本框	（名称） Text Alignment Font ForeColor	Text1 2 粗体、14 号 红色
命令按钮	（名称） Caption	Command1 显示内容
命令按钮	（名称） Caption	Command2 清屏
命令按钮	（名称） Caption	Command3 结束

（3）添加事件代码

```
Private Sub Command1_Click()
  Text1.Text = "Hello,Visual Basic!"
End Sub
Private Sub Command2_Click()
  Text1.Text = ""
End Sub
Private Sub Command3_Click()
  End
End Sub
```

第2章

Visual Basic 简单程序设计

控件对象是构成用户界面的基本元素,只有掌握了控件的属性、事件和方法,才能编写出具有实用价值的应用程序。本章将系统深入地介绍部分标准控件对象的用法,包括窗体、标签、文本框、命令按钮。此外,本章还将介绍 VB 作为一门程序设计语言进行设计开发的一般步骤。

【重点】

(1) VB 的基本概念:对象、属性、方法、事件。

(2) VB 中窗体、标签、文本框、命令按钮的主要属性、事件和方法。

(3) VB 应用程序的设计步骤。

【难点】

(1) 窗体的 Print 方法、Move 方法。

(2) 文本框的重要属性以及 Change 事件。

(3) VB 工程文件以及窗体文件的创建与保存。

【知识讲解】

1. 对象、属性、方法、事件和事件驱动

(1) 对象

在 VB 中,对象分为两类:一类是由系统设计好的,称为预定义对象,它可以直接使用或对其进行操作;另一类是由用户定义的,它可以像 C++一样建立用户自己的对象。常用的窗体、控件等都是 VB 中预定义的对象,这些对象是由系统设计好并提供给用户使用的,其移动、缩放等操作也是由系统预先定义规定的。

(2) 属性

每个对象都有一组特征,称为属性。在可视化编程中,每一种对象都有一组特定的属性。有许多属性为大多数对象所共有,还有一些属性仅仅局限于个别对象。每一个对象属性都有一个默认值,如果不明确地改变该属性值,程序就将使用它的默认值。修改对象的属性值能够控制对象的外观和操作。

(3) 方法

一般而言,方法就是要执行的动作。VB 的方法与事件过程类似,它可能是函数,也可能是

过程。方法用于完成某种特定功能而不能响应某个事件。每个方法完成某个功能,用户无法看到其实现的步骤和细节,更不能修改,用户能做的工作只是按照约定直接调用它们。

（4）事件

事件就是对象上所发生的事情。在 VB 中,事件是预先定义好的、能够被对象识别的动作。不同的对象能够识别不同的事件。当事件由用户触发或由系统触发时,对象就会对该事件做出响应。响应某个事件后所执行的操作通过一段程序代码来实现,这样的代码叫做事件过程。

（5）事件驱动的编程机制

在 VB 中,对象与程序代码通过事件及事件过程来联系,对象的活跃性则通过它对事件的敏感性来体现。一个对象（窗体或控件）往往可以感知和接收多个不同类型的事件,每个事件均能驱动一段程序（事件过程）,完成对象响应事件的工作,从而实现一个预编程的功能。

2. 窗体（Form）

（1）窗体的主要属性

① AutoRedraw 属性:用于控制屏幕图像的重建,主要用于多窗体程序设计。

② BackColor,ForeColor 属性:用于设置窗体的背景和前景颜色。

③ BorderStyle 属性:用于确定窗体边框的风格。

④ Caption 属性:决定窗体标题栏上显示的内容。

⑤ ControlBox 属性:用于设置窗口控制框的状态。

⑥ Enabled 属性:用于激活或禁止窗体响应用户输入信息。

⑦ Font 属性:用于设置输出字符的各种特性,包括字体、大小等。

⑧ Height,Width,Top 和 Left 属性:Height 和 Width 属性决定了窗体的高度和宽度,Top 和 Left 属性决定了窗体在整个屏幕中的位置。

⑨ Icon 属性:用于设置窗体最小化时的图标。

⑩ MaxButton,MinButton 属性:用于控制显示窗体右上角的最大、最小化按钮是否显示或是否有效。

（2）窗体的常用方法

① Print 方法:用于将文本输出到屏幕上或输出到打印机上。

② Cls 方法:用于清除运行时在窗体或图片框中显示的文本或图形。

③ Move 方法:用于移动窗体或控件,并可改变其大小。

（3）窗体的常用事件

① Click 事件:在窗体中单击鼠标左键时,触发该事件。

② Load 事件:在程序运行加载窗体后自动触发,因此 Load 事件可以用来在启动程序时对属性和变量进行初始化。

③ Unload 事件:当从内存中清除一个窗体（关闭窗体或执行 Unload 语句）时,触发该事件。如果重新装入该窗体,则窗体中所有的控件都要重新初始化。

3. 标签（Label）

（1）主要属性

① Alignment 属性:用于确定标签中标题文字的对齐方式。

② AutoSize 属性:如果把该属性设置为 True,则可根据 Caption 属性指定的标题自动调整标签的大小;如果把 AutoSize 属性设置为 False,则标签将保持设计时定义的大小。

③ BorderStyle 属性:用于设置标签的边框。

④ WordWrap 属性:用于决定标签的标题(Caption)属性的显示方式。

（2）常用事件

标签对象主要用来提供文字说明,因此尽管可以响应 Click,DblClick 等事件,但这些事件在程序设计中很少使用。

（3）常用方法

① Refresh 方法:刷新标签中的文字内容,使标签对象中显示最新的 Caption 属性值。

② Move 方法:作用和使用方法同窗体对象。

4. 文本框(Text)

（1）主要属性

① Text 属性:文本框无 Caption 属性,显示的正文内容存放在 Text 属性中。

② MaxLength 属性:用于指明文本框中能够输入的文本内容的最大长度。

③ MultiLine 属性:当 MultiLine 属性为 True 时,文本框可以输入或显示多行文本,同时具有自动换行功能。

④ PasswordChar 属性:用于口令输入。

⑤ ScrollBars 属性:当 MultiLine 属性为 True 时,ScrollBars 属性才有效。该属性用于设定是否显示文本框的滚动条。

⑥ SelStart,SelLength 和 SelText 属性:在程序运行中,对文本内容进行选择操作时,这三个属性用来标识用户选中的文本。

SelStart:选定文本的开始位置,第一个字符的位置是 0,以此类推。

SelLength:选定文本的长度。

SelText:选定文本的内容。

（2）常用事件

① Change 事件:当用户向文本框中输入新信息,或当程序把 Text 属性设置为新值从而改变 Text 属性时,将触发 Change 事件。

② GotFocus 事件:当文本框具有输入焦点(即处于活动状态)时触发该事件。

（3）常用方法

① Refresh 方法:刷新文本框中显示的内容。

② SetFocus 方法:使文本框获得焦点。

5. 命令按钮(CommandButton)

（1）主要属性

① Cancel 属性:当一个命令按钮的 Cancel 属性被设置为 True 时,按 Esc 键与单击该命令按钮的作用相同。

② Default 属性:当一个命令按钮的 Default 属性被设置为 True 时,按回车键与单击该命令按钮的作用相同。

③ Enabled:用于设置命令按钮是否有效,即是否可以被操作。

④ Style 属性:命令按钮不仅在 Caption 属性中可以设置显示的文字,还可以设置显示图形。若要显示图形,就必须先设置 Style 属性值为 1,然后在 Picture 属性中设置显示的图形文件。

（2）常用事件

① Click 事件：当单击鼠标时触发该事件。

② DbClick 事件：当双击鼠标时触发该事件。

（3）常用方法

SetFocus 方法：使命令按钮获得焦点，对于获得焦点的按钮，程序运行时按 Enter 键等同于用鼠标单击本按钮。

6. Visual Basic 应用程序设计步骤

建立一个应用程序分为以下几步进行：

（1）建立用户界面。

（2）设置窗体和控件的属性。

（3）编写代码。

（4）保存和运行、调试程序。

实验二　Visual Basic 简单程序设计

【实验目的】

（1）熟悉 VB 集成环境及程序设计的全过程。

（2）掌握 VB 窗体的常用属性、事件和方法。

（3）掌握 VB 命令按钮的常用属性、事件和方法。

（4）掌握 VB 文本框的常用属性、事件和方法。

（5）掌握 VB 标签的常用属性、事件和方法。

【实验内容】

【2-1】　练习窗体的常用事件。

实验要求：单击窗体显示"欢迎使用 VB"；双击窗体显示"谢谢使用 VB"。

（1）界面设计

建立应用程序界面。

（2）完善实验代码

```
Private Sub Form_Load()              ′窗体的加载事件
  Caption = "装入窗体"
  BackColor = RGB(0, 0, 255)
  FontSize = 40
  FontName = "隶书"
End Sub
Private Sub Form_Click()             ′窗体的单击事件
  Caption = "鼠标单击"
  ForeColor = RGB(255, 255, 0)
  _____
End Sub
```

```
Private Sub Form_DblClick()                '窗体的双击事件
  Caption = "鼠标双击"
  ForeColor = RGB(255, 0, 0)
  _____

End Sub
```

（3）运行程序

单击工具栏上的"启动"按钮,运行结果如图 1 所示。

【2-2】 设计一个程序,窗体上有 2 个命令按钮和 4 个标签。

实验要求:单击"显示"按钮则该按钮不可见,并在 2 个标签中分别显示出当前日期和时间;单击"清除"按钮则取消显示并恢复"显示"按钮。

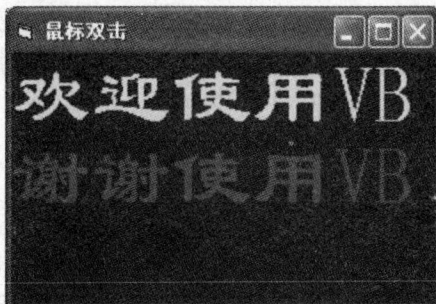

图 1　运行界面

（1）界面设计

在窗体上添加 4 个标签和 2 个命令按钮,调整它们的位置及大小,如图 2a 所示。

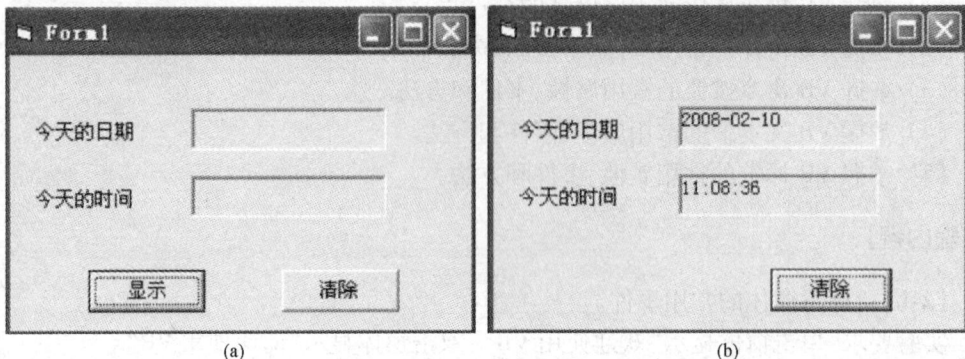

(a)　　　　　　　　　　　　　　(b)

图 2　运行界面

（2）设置对象属性

在窗体中选择各个控件,在属性窗口中设置它们的属性。属性设置见表 1。

表 1　程序中对象属性设置

对　象	名称(Name)	属　性	属性值
标签	Label1	Caption	今天的日期
标签	Label2	Caption	今天的时间
标签	Label3	Caption	空
		BorderStyle	1

对　象	名称（Name）	属　性	属性值
标签	Label4	Caption	空
		BorderStyle	1
命令按钮	Command1	Caption	显示
命令按钮	Command2	Caption	清除

（3）编写程序代码

Command1 按钮的事件代码如下：

```
Private Sub Command1_Click()
    Command1.Visible = False
    Label3.Caption = Date $
    Label4.Caption = Time $
End Sub
```

Command2 按钮的事件代码如下：

```
Private Sub Command2_Click()
    Label3.Caption = " "
    Label4.Caption = " "
    Command1.Visible = True
End Sub
```

（4）运行结果

单击窗体中的"显示"按钮，运行结果如图 2b 所示。

（5）说明

Date $：返回当前系统日期。

Time $：返回当前系统时间。

【2-3】 利用命令按钮、文本框和标签判断口令是否正确。

（1）界面设计

建立应用程序界面。在窗体上添加 2 个标签、1 个文本框和 2 个命令按钮，注意调整各个控件的大小和位置。界面设计如图 3 所示。

（2）设置对象属性

在窗体中选择各个控件，在属性窗口中设置它们的属性。属性设置见表 2。

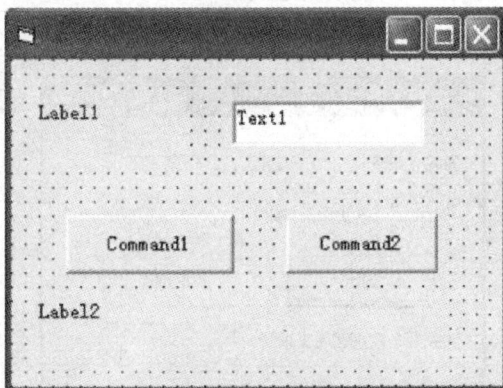

图 3　界面设计

表2　程序中对象属性设置

对　象	名称（Name）	属　性	标题（Caption）
窗体	Forml	Caption	欢迎光临
标签	Label1	Caption	请输入口令
标签	Label2	Caption	
文本框	Text1	Text	空白
		MaxLength	16
		PasswordChar	*
命令按钮	Command1	Caption	确定
命令按钮	Command2	Caption	取消

（3）编写程序代码

```
Private Sub Command1_Click()
  If Text1.Text = "everyone" Then
    Label2.Caption = "大家好,欢迎使用本系统!"
  Else
    Label2.Caption = "口令错误!请重新输入口令!"
  End If
End Sub
Private Sub Command2_Click()
  End
End Sub
```

（4）运行程序

运行程序,若在文本框中输入正确的口令(everyone),单击"确定"按钮后,会在标签中显示"大家好,欢迎使用本系统!";若在文本框中输入错误的口令,则在标签中显示"口令错误!请重新输入口令!"。运行结果如图4所示。

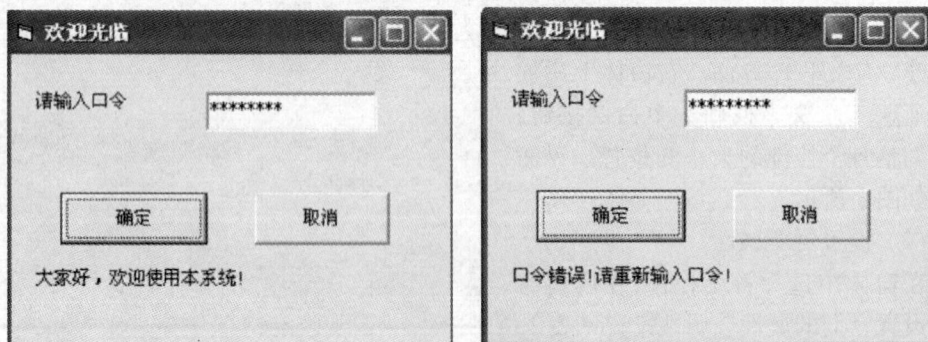

图4　运行结果

【2-4】　编写分别计算圆、正方形、矩形面积和周长的程序。要求:输入圆、正方形和矩形的相关参数,在输入的同时计算出对应的面积和周长,将结果显示在标签中。

（1）界面设计

建立应用程序界面。在窗体上分别添加标签和文本框。程序界面如图 5 所示。

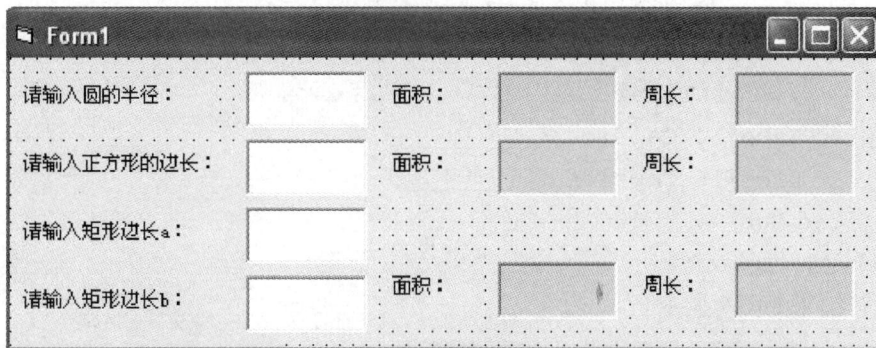

图 5 设计界面

（2）设置对象属性

窗体中各控件的属性设置见表 3。

表 3 程序中对象属性设置

对 象	名称（Name）	属 性	属性值
标签	Label1 ~ Label16	Caption	见图 5
文本框	Text1 ~ Text4	Text	空白

（3）完善实验代码

```
Private Sub Text1_Change()
    Dim r As Single
    r = Val(Text1.Text)
    Label3.Caption = _____
    Label5.Caption = _____
End Sub
Private Sub Text2_Change()
    Dim a As Single
    a = Val(Text2.Text)
    Label8.Caption = _____
    Label10.Caption = _____
End Sub
Private Sub Text3_change()
    Dim x As Single,y As Single
    x = Val(Text3.Text)
    y = Val(Text4.Text)
    Label14.Caption = _____
    Label16.Caption = _____
```

```
    End Sub
    Private Sub Text4_Change()
        Dim x As Single,y As Single
        x = Val(Text3.Text)
        y = Val(Text4.Text)
        Label14.Caption = _____
        Label16.Caption = _____
    End Sub
```

（4）运行程序

运行结果如图6所示。

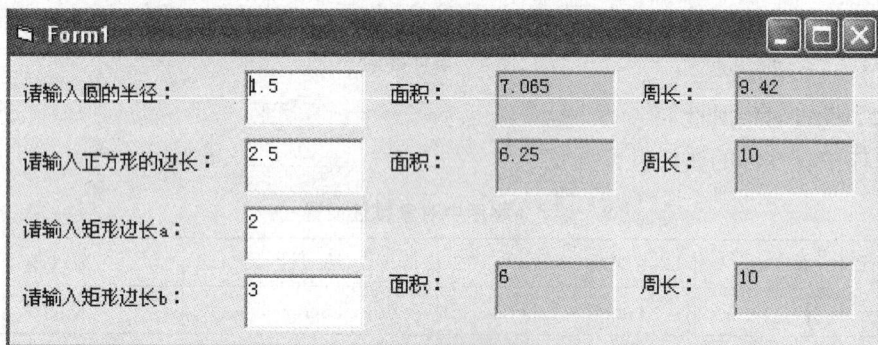

图6   运行界面

说明：Dim…as…语句为声明变量类型。Val( )函数的作用是把一个数字字符串转换为相应的数值。

【2-5】 分析并设计如图7所示的程序：在窗体上添加1个文本框、5个命令按钮，要求文本框能够输入多行文本，并且要求显示水平与垂直滚动条。单击"加粗"命令按钮时，文本框里的文本加粗；单击"斜体"按钮时，文本框里的文本变为斜体；单击"40磅"时，文本框里的文本字体大小设置为40；单击"隶书"时，文本框里的文本字体变为隶书。

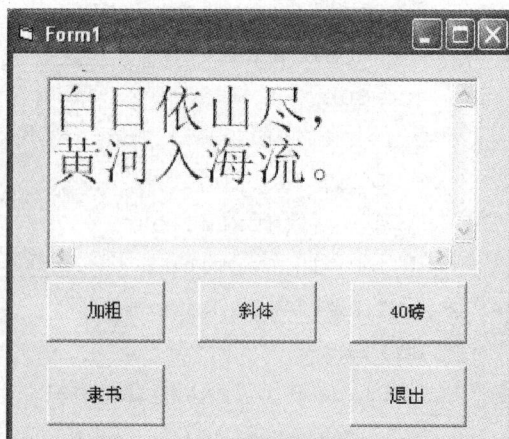

图7   运行界面

实验步骤：

（1）根据题意设计界面。

（2）编写实验代码。

（3）按F5执行程序，调试程序。

（4）保存窗体和工程文件。

第 3 章

程序设计基础

VB 提供了满足编程需要的基本变量类型,并且提供了对这些变量类型的基本操作方法,如函数、操作符等。本章内容将展开对这些系统变量类型操作与控制的练习。

【重点】

（1）VB 常用数据类型。

（2）变量访问控制。

（3）表达式中各种符号表达的意义。

（4）系统函数的使用方法。

【难点】

（1）表达式中符号优先级。

（2）各系统函数的输入、输出格式。

【知识讲解】

1. 数据类型

数据按照 VB 编程系统规则进行分类。VB 中常用的基本数据类型包括：

（1）整数类型（Integer）。

（2）长整数类型（Long）。

（3）单精度类型（Single）。

（4）双精度类型（Double）。

（5）货币类型（Currency）。

（6）字节类型（Byte）。

（7）日期时间类型（Date）。

（8）逻辑类型（Boolean）。

（9）字符串类型（String）。

（10）定长字符串类型（String * Length）,Length 表示指定字符串中字符的数量。

（11）变体类型。

2. 常量和变量

两者的区别在于程序运行期内所分配的内存中的数据是否可变。

3. 数据类型转换

数据类型可以相互转换。VB 提供了一些系统函数可实现数据类型之间的显式转换。

4. 变体型数据类型

该类型是一种特殊的数据类型,即变体型可以是整数类型、布尔类型,也可以是字符串类型等。

5. UDT 数据类型

除了系统定义的基本数据类型以外,VB 允许用户定义自己的数据类型,即 UDT 类型。

实验三　程序设计基础

【实验目的】

(1) 理解常量与变量的作用,掌握各种常量的表示方法。
(2) 掌握各种类型常量与变量定义,理解变量访问控制的意义。
(3) 掌握各种运算符的含义。
(4) 掌握各种表达式的使用方法及其优先级。
(5) 掌握常用系统函数的使用。
(6) 掌握格式化输出函数 Format 的使用方法。
(7) 掌握 UDT 数据类型的使用方法。

【实验内容】

【3-1】　建立新程序,在 Form 的 Click 事件中写出字符串、布尔、日期常量,并且使用 Print 方法打印到窗体上。

实验步骤:

(1) 根据题意设计界面。
(2) 编写实验代码。
(3) 按 F5 执行程序。
(4) 保存窗体和工程文件。

【3-2】　建立含有一个命令按钮的窗体,在命令按钮单击事件中输入下列程序代码。单击命令按钮,运行程序,分析产生显示结果的原因。

```
Private Sub Command1_Click()
    Dim x As Integer
    Dim y As Double
    Dim d As Date
    x = 123
    y = 123.123
```

```
    z = Now
    Print "x1 = "; x
    Print "x2 = "; y
    Print "x3 = "; z
End Sub
```

【3-3】 在命令按钮单击事件中定义整型和字节型两种类型的变量,分别赋予一个数值常量,要求在大小两端刚刚超出数据范围,使得运行出现溢出结果。

实验步骤:

(1) 根据题意设计界面。

(2) 编写实验代码。

(3) 按 F5 执行程序

(4) 保存窗体和工程文件。

【3-4】 按以下步骤完成工程,执行程序后,分析并解释程序运行结果,理解变量访问控制的含义。

实验步骤:

(1) 添加标准模块,在标准模块中定义一个 Public 整型变量 pubInt。

输入如下子程序,设置工程启动对象为 Sub Main。

```
Sub Main
    Form1.Show
    Form2.Show
End Sub
```

(2) 在 Form1 的基础上再添加一个窗体 Form2(执行"工程"菜单中"添加窗体"菜单项),在每个窗体上放置两个命令按钮(Command1,Command2)。

(3) 在每个窗体的通用部分定义一个模块级整型变量 frmInt。

(4) 在每个窗体单击事件中,编写实验代码:

```
Private Sub Form_Click()
    Dim i As Integer
    Static si As Integer
    i = i +1
    si = si +1
    frmInt = frmInt +1
    pubInt = pubInt +1
    Me.Cls
    Me.Print "i = "; i
    Me.Print "si = "; si
    Me.Print "frmInt = "; frmInt
End Sub
```

(5) 按 F5 执行程序。

(6) 保存窗体和工程文件。

【3-5】 利用 Rnd 函数,设计一个表达式得到 12 ~ 70 之间的随机整数并验证。

实验步骤:

(1)根据题意设计界面。

(2)编写实验代码。

(3)按 F5 执行程序。

(4)保存窗体和工程文件。

【3-6】 写出表达式 120 mod 24 ^ 2\3 的运行过程和结果,比较运算符之间的不同优先级。

实验步骤:

(1)根据题意设计界面。

(2)编写实验代码。

(3)按 F5 执行程序。

(4)保存窗体和工程文件。

【3-7】 设有如下字符"welcome to microsoft visual basic 6.0",查找"mi"字符,并且提取出该字符串后续的所有字符,运行如下程序,掌握字符串处理函数的使用方法。

```
Dim str $, index% , qstr $
str = "welcome to microsoft visual basic 6.0"
qstr = "mi"
index = InStr(1, str, qstr)
MsgBox Mid(str, index, Len(str)-index +1)
```

实验步骤:

(1)根据题意设计界面。

(2)编写实验代码。

(3)按 F5 执行程序。

(4)保存窗体和工程文件。

【3-8】 编写以下代码,比较 Int,CInt,Fix 之间的差别。

```
Dim x1 As Single, x2 As Single
x1 = 4.5
x2 = -4.5
Print "int(x1):"; Int(x1)
Print "cint(x1):"; CInt(x1)
Print "fix(x1):"; Fix(x1)
Print "int(x2):"; Int(x2)
Print "cint(x2):"; CInt(x2)
Print "fix(x2):"; Fix(x2)
```

实验步骤:

(1)根据题意设计界面。

(2)编写实验代码。

(3)按 F5 执行程序。

(4)保存窗体和工程文件。

【3-9】　在 Form 中编写以下代码,运行后比较 Spc 和 Tab 函数之间的差别。

```
Print "X = ";12;Tab(10); "Y = ";34
Print "X = ";12;Spc(10); "Y = ";34
```

实验步骤:

(1) 根据题意设计界面。

(2) 编写实验代码。

(3) 按 F5 执行程序。

(4) 保存窗体和工程文件。

【3-10】　编写如下代码,练习 Format 格式化字符串输出函数的使用,并观察结果。

```
Msgbox Format("8651688888888", "&&-0&&&-&")
Msgbox Format(8651.615, "#.###")
Print Format(Now(), "yy 年 mm 月 dd 日 hh 时 mm 分 ss 秒")
Print Format("abcd"," >! @@@@@@")
Print Format(8651.615, "#.00")
```

实验步骤:

(1) 根据题意设计界面。

(2) 编写实验代码。

(3) 按 F5 执行程序。

(4) 保存窗体和工程文件。

【3-11】　新建 VB 工程,并添加一个窗体和一个模块,在模块中输入以下代码,请在窗体中实现自定义数据类型(UDT)RectangleType 的使用。要求在窗体中创建该 UDT 类型的变量,并且实现对该变量中所有数据字段的赋值与输出。

```
Type RectangleType
        Name As String
          Width As Long
        Height As Long
        Top As Integer
        Left As Integer
          Visible As Boolean
        Default As Double
    End Type
```

实验步骤:

(1) 根据题意建立界面和模块。

(2) 编写实验代码,实现 UDT 类型变量的赋值和输出。

(3) 按 F5 执行程序。

(4) 保存窗体和工程文件。

第4章

顺序结构程序设计

顺序结构是 VB 中最简单、最常用的基本结构。在该结构中,程序按照从左到右、自顶向下的顺序逐条执行语句,它是一种线性结构。在顺序结构中可以嵌套选择结构和循环结构的语句,并按照语句代码出现的先后次序执行。

【重点】

(1)赋值语句和输入输出语句的使用。
(2)程序顺序结构的执行流程。
(3)注释、结束和暂停语句。

【难点】

(1)对顺序结构的理解和应用。
(2)常用输入输出语句的使用。

【知识讲解】

1. 赋值语句

(1)格式

<变量名> = <表达式>　 或　［<对象名>.］<属性名> = <表达式>

(2)功能

计算表达式的值,再将此值赋给变量或对象属性。

(3)说明

① <变量名>:应符合 VB 变量命名约定。

② <表达式>:常量、变量、表达式、属性。

③ <对象名>:缺省时为当前窗体。

④ 赋值号" = ":与数学中的等号意义不同。

⑤ 赋值号左边必须是变量或对象属性。

⑥ 变量名或对象属性名的类型应与表达式类型相同。

2. 注释、结束和暂停语句

(1)注释语句

VB 中的注释是"REM"或一个单引号"'"。注释语句是非执行语句,仅对程序的有关内容起注释作用,任何字符都可以放在注释行中作为注释内容。

（2）结束语句 End

End 语句用于终止当前程序并重置所有变量、关闭所有数据文件。

（3）暂停语句 Stop

Stop 语句用于暂停程序的执行。

① 输入语句

一个算法可以有输入数据，也可以没有输入数据，即有零个或多个输入数据。如果程序需要输入，可以通过 Text、Label、InputBox 函数、过程等实现。

② 输出语句

一个算法至少有一个输出，常通过 Text、Label、List、Print 方法，MsgBox 函数和过程等实现。

实验四　顺序结构程序设计应用

【实验目的】

（1）掌握赋值语句的使用方法。
（2）掌握注释、结束和暂停语句的使用方法。
（3）掌握常用函数的使用方法。
（4）掌握 InputBox 和 MsgBox 的使用方法。

【实验内容】

【4-1】 设计如图 1 所示的界面，输入任意角度数值，计算该角度的正弦值和余弦值。

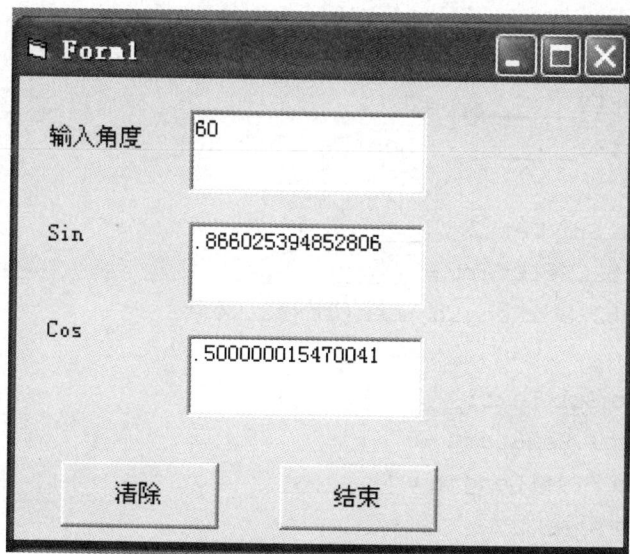

图 1　计算正弦值和余弦值

实验步骤：

（1）根据题意设计界面，如图 1 所示。

（2）编写实验代码。

（3）按 F5 执行程序，调试程序。

（4）保存窗体和工程文件。

【4-2】 设计如图 2 所示的界面,运行时,输入某学生三门课的成绩,计算平均成绩。

实验要求:

（1）单击"计算"按钮求平均成绩。

（2）当每个输入成绩的文本框获得焦点时,选中其中的文本。

（3）当每个输入成绩的文本框内容发生变化时,清除平均值。

（4）单击"清除"按钮清除所有内容,将焦点定位在 Text1 中。

（5）单击"退出"按钮结束程序的运行。

实验步骤:

（1）根据题意设计界面。

（2）完善实验代码。

图 2　计算平均成绩

```
Private Sub Command1_Click()
    A = Val(_____)
    B = Val(_____)
    C = Val(_____)
    Text4.Text = (_____)/3
End Sub
Private Sub Text1_____()
    Text1._____ = 0
    Text1._____ = Len(Text1.Text)
End Sub
Private Sub Text2_____()
    Text2.SelStart = _____
    Text2.SelLength = Len(Text2.Text)
End Sub
Private Sub Text3_____()
    Text3.SelStart = 0
    Text3.SelLength = _____
End Sub
Private Sub Text1_____()
    Text4.Text = ""
End Sub
Private Sub Text2_____()
```

```
            Text4.Text = ""
        End Sub
        Private Sub Text3_____()
            Text4.Text = ""
        End Sub
        Private Sub Command2_Click()
            Text1.Text = ""
            Text2.Text = ""
            Text3.Text = ""
            Text4.Text = ""

            _____

        End Sub
        Private Sub Command3_Click()

            _____

        End Sub
```

（3）按 F5 执行程序。

（4）保存窗体和工程文件。

【4-3】　如图 3 所示,在 Text1 中输入任一英文字母,在 Text2 中显示该英文字母及其 ASCII 码值。要求在文本框 Text2 中显示出所有输入的英文字母及其 ASCII 码值。

实验步骤:

（1）根据题意设计界面。

（2）完善实验代码。

```
        Private Sub Command1_Click()
            Dim Char As String * 1
            Char = Trim(_____)
            Text2.Text = _____ & Space(5) & Char _
                    & Space(10) & _____ & vbCrLf
            Text1.SetFocus
            Text1.SelStart = 0
            Text1.SelLength = Len(Text1.Text)
        End Sub
```

图 3　ASCII 码转换

（3）按 F5 执行程序。

（4）保存窗体和工程文件。

【4-4】　已知三角形的三条边的长度 a,b,c,用海伦公式求三角形的面积 S。海伦公式为

$$S = \sqrt{p(p-a)(p-b)(p-c)}, \ p = \frac{1}{2}(a+b+c)$$

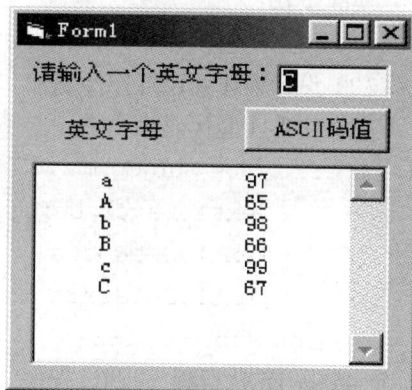

实验步骤:

(1) 根据题意设计界面,如图4所示。

图4 求三角形的面积

(2) 编写实验代码。

(3) 按 F5 执行程序,调试程序。

(4) 保存窗体和工程文件。

【4-5】 编写程序模拟实现 BackSpace 键的功能。

实验步骤:

(1) 根据题意设计界面,如图5所示。

(2) 设计窗体并设置控件属性。

(3) 完善实验代码。

图5 BackSpace 键的功能

```
Private Sub Command1_Click()
    Text1.text = Left(_____)
    Text1.SetFocus
    Text1.SelStart = Len(_____)
End Sub
```

(4) 按 F5 执行程序,调试程序。

(5) 保存窗体和工程文件。

第 **5** 章

选择结构程序设计

所谓选择结构,表示根据不同的情况做出不同的选择,执行不同的操作。此时就需要对某个条件做出判断,根据这个条件的具体取值情况,决定该执行何种操作。

VB 中的选择结构语句分为 If 语句和 Select Case 语句两种。

【重点】

(1)单分支、双分支和多分支条件语句的一般格式、功能和使用。

(2)If 语句和 Select Case 语句的用法。

(3)函数和 Choose 函数的用法。

(4)单选按钮、复选框和计时器的常用属性、方法和事件。

【难点】

(1)多分支语句的灵活使用。

(2)分支语句的嵌套使用。

(3)IIf 函数和 Choose 函数的用法。

(4)计时器控件的灵活使用。

【知识讲解】

1. If 语句

(1)单行格式 If 语句

此种格式在对条件进行判断后,根据所得的不同结果进行不同的操作,不管是哪种结果,操作部分都必须是单个语句。此种格式的具体语法如下:

    If 条件表达式 Then 语句 1 [Else 语句 2]

条件表达式的值只有两种情况:真或假(即取值为零或非零)。某些情况下,其中的 Else 部分是可以省略的。此格式所代表的含义是:当条件成立时,执行 Then 后面的语句 1,执行完后再执行整个 If 语句后的语句;当条件不成立时,若存在 Else 部分,则执行 Else 后的语句 2,再执行整个 If 语句后的语句,否则就直接执行整个 If 语句后的语句。

（2）多行格式 If 语句

格式一：

```
If 条件 Then
        语句序列
End If
```

这种格式代表的含义是：当条件成立时，执行 Then 后面的语句序列的全部语句，执行完后跳出整个 If 语句序列，执行 EndIf 后的语句；当条件不成立时，直接执行 EndIf 后的语句。

格式二：

```
If 条件 Then
        语句序列 1
Else
        语句序列 2
End If
```

这种格式代表的含义是：当条件成立时，执行 Then 后面的语句序列 1 中的全部语句，执行完后跳出整个 If 语句体，执行 If 语句序列之后的语句；当条件不成立时，则执行 Else 后的语句序列 2 中的全部语句，再执行整个 If 语句序列后的语句。

格式三：

```
If 条件 1 Then
        语句序列 1
ElseIf 条件 2 Then
        语句序列 2
[ElseIf 条件 3 Then
        语句序列 3]
…
[Else
        语句序列 n]
End If
```

此种格式只在条件不成立时再进行新的判断，可以使用简单的 ElseIf 格式。此外，ElseIf 部分可以嵌套多层，应根据具体情况决定。只要使用时结构合理，可以使用任意层嵌套。

2. Select Case 语句

在有些情况下，对某个条件判断后可能出现多种取值的情况，此时不能再使用上述 If 语句结构。在 VB 中，专门为此种情况设计了一个 Select Case 语句结构。在这种结构中，只有一个用于判断的表达式，根据此表达式的不同计算结果，执行不同的语句序列部分。

Select Case 语句的一般格式为：

```
Select Case 表达式
        Case 表达式结果表 1
        语句序列 1
```

[Case 表达式结果表 2
语句序列 2]
…
[Case Else
语句序列 n]
End Select

上述格式中,表达式可以是数值表达式或字符串表达式,然后根据表达式的取值来与下列的各个表达式结果表列进行比较,若与其中某个值相同,则执行该表列后的相应语句体部分,执行后退出整个 Select Case 结构,执行其后的语句;若出现与表列中的所有值均不相等的情况,再检验 Select Case 结构中是否有 Case Else 语句,如果有此语句,则执行其后相应的语句体部分,然后退出 Select Case 结构,执行其后的语句,否则不执行任何结构内的语句,整个 Select Case 结构结束,再执行其后的语句。

3. 单选按钮和复选框

单选按钮主要用于在多种功能中由用户选择一种功能的情况;复选框列出可供用户选择的选项,用户根据需要选定其中的一项或多项。

（1）主要属性

① Caption 属性:设置单选按钮或复选框的文本注释内容,即单选按钮或复选框边上的文本标题。

② Alignment 属性:设置标题和按钮显示位置。

③ Value 属性:该属性是默认属性,表示单选按钮或复选框的状态。

④ Style 属性:指定单选按钮或复选框的显示方式,用于改善视觉效果。

（2）常用事件

单选按钮和复选框都能接收 Click 事件。当用户单击单选按钮或复选框时,它们会自动改变状态。

（3）常用方法

复选框和单选按钮的常用方法有 Move,Refresh 和 Setfocus,其调用方法可参考标签和命令按钮对象的同名方法。

4. 计时器

计时器控件在设计时可以看见,在运行时就隐藏起来,但是在后台每隔一定的时间间隔,系统就会自动执行一次计时器事件。

（1）主要属性

计时器除了 Name 和 Enabled 两个基本属性外,还有一个主要属性 Interval。Interval 属性用来设置两个计时器事件之间的间隔。时间间隔以 ms 为单位,取值范围为 0～65535,因此其最大的时间间隔不能超过 65 s。

（2）常用事件

计时器的常用事件就是 Timer 事件。每隔 Interval 指定的时间间隔就执行一次该事件过程。

实验五　选择结构程序设计应用

【实验目的】

(1) 掌握 If 语句的使用方法。

(2) 掌握 Select Case 语句的使用方法。

(3) 掌握选择结构程序的设计方法及常用算法。

(4) 掌握单选按钮、复选框和计时器控件的常用属性、方法和事件。

【实验内容】

【5-1】 研究下面的代码段,当输入 93,81,74,65,42 时,窗体中显示的结果为_____。

```
Private Sub Form_Click()
        score = Val(InputBox("输入成绩"))
        If score < 60 Then   Print "不合格"
        If score >= 60 and score < 85 Then   Print "合格"
        If score >= 85 Then   Print "优秀"
End sub
```

思考 1:若把程序代码写成如下形式,问当输入成绩为 90 分时,显示什么结果? 为什么? 用嵌套块 If 语句应如何写?

```
Private Sub Form_Click()
    score = Val(InputBox("输入成绩"))
    If score >= 85 Then st = "优秀"
    If score < 60 Then
       st = "不合格"
    Else
       st = "合格"
    End If
    Print st
End Sub
```

思考 2:若把程序写成如下形式,当输入成绩为 90,80,50 时,显示结果为_____。

```
Private Sub Form_Click()
        score = Val(InputBox("输入成绩"))
        If score >= 85 Then
             Print "优秀"
        ElseIf score >= 60 Then
             Print "合格"
        Else
             Print "不合格"
        End If
End Sub
```

【5-2】 研究下面的代码段。

```
Dim flag As Integer              ´注①Dim falg as Integer
Private Sub Form_Click()
    If flag = 0 Then
        Form1.Print "欢迎使用 Visual Basic!"
        flag = 1
    ElseIf flag = 1 Then
        Form1.Cls
        flag = 0
    End If
End Sub
```

问题：

(1) 在窗体上单击三次,窗体中显示什么结果?

第一次：＿＿＿＿＿＿＿＿＿＿＿＿＿＿＿

第二次：＿＿＿＿＿＿＿＿＿＿＿＿＿＿＿

第三次：＿＿＿＿＿＿＿＿＿＿＿＿＿＿＿

(2) 注意变量 flag 定义的位置,在这个位置定义的变量称作＿＿＿＿＿＿。

若把变量 flag 变量定义放在 Form_Click() 事件过程里,如:

```
Private Sub Form_Click()
    Dim flag As Integer
    If flag = 0 Then
    …
```

在窗体上单击三次,此时程序的运行结果怎样?

第一次：＿＿＿＿＿＿＿＿＿＿＿＿＿＿＿

第二次：＿＿＿＿＿＿＿＿＿＿＿＿＿＿＿

第三次：＿＿＿＿＿＿＿＿＿＿＿＿＿＿＿

(3) 若要求窗体显示的字体是隶书 18 号字,该如何补充程序?

(4) 若把程序代码修改如下:

```
Dim flag As Integer
Private Sub Form_Click()
    If flag = 0 Then Form1.Print "欢迎使用 Visual Basic!":flag = 1
    If flag = 1 Then Form1.Cls: flag = 0c
End Sub
```

运行会出现什么结果,为什么?

＿＿

＿＿

(5) 若在 Form_Click() 事件过程中第一行的变量名 flag 拼写错了,写成了 falg,如注①所示,则程序执行结果如何? 为什么?

＿＿

＿＿

【5-3】 根据所输入的百分制成绩 score，给出相应的五级计分等级，即"优秀"（score ≥90），"良好"（80≤score<90），"中"（70≤score<80），"及格"（60≤score<70），"不及格"（score<60），用 ElseIf 语句完成，请把下面的程序填写完整。

```
Dim score As Integer
Private Sub Form_Click()
        score = Val(InputBox("输入成绩"))
        If score >=90 then
                Print "优秀"
        ElseIf score >=80 then

        _____        '补充 ElseIf 语句

End Sub
```

引申：若把上面的 ElseIf 语句改写成块 If 语句请补充完整。

```
If score >=90 then
        Print "优秀"
Else
    If score >=80 then

                                                '补充块 If 语句


        _____

    End Sub
```

【5-4】 完善程序代码，实现如下功能：在3个文本框中输入3个数值，当单击"求最大值"按钮时，在第4个文本框中输出3个数中的最大值。运行界面如图1所示。

实验步骤：

（1）启动 VB，根据题意设计界面。

（2）设计窗体并设置控件属性。

（3）完善实验代码。

```
Private Sub Command1_Click()
        Dim a, b, c As Single
        a = Text1.Text : b = Text2.Text : c = Text3.Text
        If a >=b And a >=c Then

        _____

        ElseIf b >=a And b >=c Then

        _____

        Else

        _____

        End If
End Sub
```

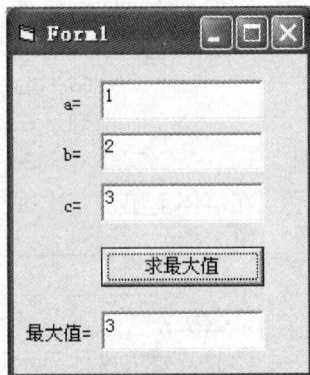

图1　求最大值

（4）按 F5 执行程序。

（5）保存窗体和工程文件。

【5-5】　根据所输入的百分制成绩 score，给出相应的五级计分等级，用 Select Case 语句完成。"´＊＊＊＊＊错误 1 ＊＊＊＊＊＊＊"提示信息的下一行是错误的，改正有错的语句并调试完成程序。

```
Private Sub Command1_Click()
        Dim score as Single
        score = val(Text1.Text)
            ´＊＊＊＊＊＊错误 1 ＊＊＊＊＊＊＊
        Select Case x
            ´＊＊＊＊＊＊错误 2 ＊＊＊＊＊＊＊
            Case x >= 90
                Text2.Text = "优秀"
            ´＊＊＊＊＊＊错误 3 ＊＊＊＊＊＊＊
            Case x < 90 And x >= 80
                Text2.Text = "良好"
            ´＊＊＊＊＊＊错误 4 ＊＊＊＊＊＊＊
            Case x >= 70 And x < 80
                Text2.Text = "中"
            ´＊＊＊＊＊＊错误 5 ＊＊＊＊＊＊＊
            Case x >= 60
                Text2.Text = "及格"
            Case else
                Text2.Text = "不及格"
        End Select
End Sub
```

调试运行程序，运行界面参考图 2。

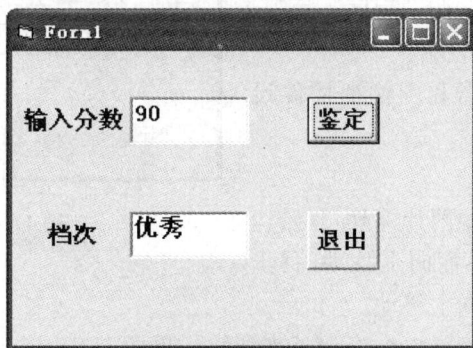

图 2　百分制成绩

【5-6】　编写程序输入上网的时间并计算上网费用，计算的方法如下：

$$费用 = \begin{cases} 基数 30 元, & 上网时间 \leq 10\ h \\ 每小时 2.5 元, & 10\ h < 上网时间 \leq 50\ h \\ 每小时 2 元, & 上网时间 > 50\ h \end{cases}$$

同时为了鼓励多上网,采用累进计费制,但每月收费最多不超过 150 元。上网时间在文本框中输入;上网费用在文本框中输出,所有控件字体默认、大小为小四。要求使用多分支结构(If Then ElseIf)编写,效果如图 3 所示。

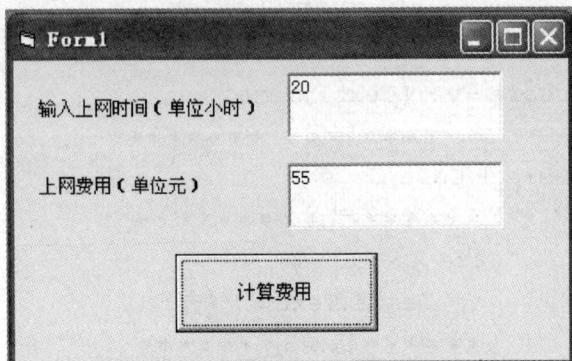

图 3　计算上网费用

实验步骤:

(1) 根据题意设计界面。

(2) 编写实验代码。

(3) 按 F5 执行程序,调试程序。

(4) 保存窗体和工程文件。

【5-7】　设计如图 4 所示的窗体界面,设置 Text1 中文本的字体、字号和字形,要求字体和字号用控件数组实现。

实验步骤:

(1) 根据题意设计界面。

(2) 编写实验代码。

(3) 按 F5 执行程序,调试程序。

(4) 保存窗体和工程文件。

【5-8】　运用计时器和图像框控件设计一个屏幕保护程序。

实验要求:

(1) 图像框装入一幅图片,程序开始运行后,图片从屏幕的最下面向上移动,移出屏幕后又循环从最下面向上移动。

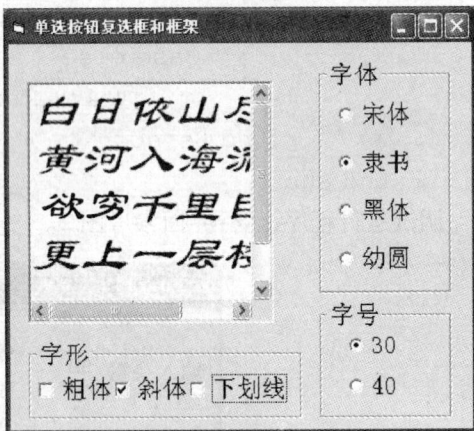

图 4　窗体界面

(2) 向上移动的速度靠一个滚动条来调解。界面上有 2 个标签控件,3 个命令按钮控件。控件属性如表 1 所示。

表1　属性列表

对象	控件名	控件属性	属性值
Form	Form1	Caption	屏幕保护
		Backcolor	黑色
Label	Label1	Caption	慢
	Label2	Caption	快
CommandButton	Command1	Caption	开始
	Command2	Caption	暂停
	Command3	Caption	结束
Image	Image1	Stretch	True
		Picture	为图片文件
Timer	Timer1	Enabled	False
		Interval	1000
VscrollBar	VscrollBar1	Max	950
		Min	50
		LargeChange	50

（3）单击"开始"命令按钮,图像开始上浮;单击"暂停"命令按钮,图像停止运动;单击"结束"命令按钮,结束应用程序运行。

（4）用鼠标拉动滚动条的滑块,改变滚动条的 Value 属性,从而改变图片的上浮速度。

实验步骤:

（1）根据题意设计界面,如图5所示。

（2）编写实验代码。

（3）按 F5 执行程序,调试程序。

（4）保存窗体和工程文件。

图5　图像框装入图片

第6章

循环结构程序设计

循环结构是一种重复执行的程序结构,循环具备2个重要因素:

(1) 在一定条件下,重复执行一组语句。

(2) 必然出现不满足条件情况使循环终止。

VB 中提供了2种类型的循环语句:计数循环语句和条件循环语句。

【重点】

(1) 3 种循环结构的格式、判定条件。

(2) 3 种循环结构区别与联系。

(3) 列表框、组合框的各属性、方法、事件。

【难点】

(1) 多重循环的嵌套灵活使用。

(2) 列表框、组合框区别与联系。

【知识讲解】

1. 循环语句

(1) For 循环控制结构

```
For 循环变量 = 初值 to 终值 [step <步长>]
    ...
   [Exit for] 循环体
    ...
Next [循环变量]
```

说明:

① 初值、终值、步长增量必须是数值类型的常量和变量,在循环过程中不能改变其值。

② Step <步长>,步长默认为1,可正可负,但不能为0。

③ For 循环先判断,后执行。

④ 循环变量用来控制循环过程,在循环体内可被引用和赋值。

⑤ Exit for:强制退出循环。

⑥ For 循环的循环次数是确定的,一般情况循环次数为 Int((终值 − 初值)/步长) +1。

（2）Do 循环控制结构

格式一

```
      ┌ Do While /Until <循环条件>
循    │   ...
环    │   [Exit do]
体    │   ...
      └ Loop
```

格式二

```
      ┌ Do                          ┐
      │   ...                       │ 循
      │   [Exit do]                 │ 环
      │   ...                       │ 体
      └ Loop While /Until <循环条件> ┘
```

说明：

① 执行过程：格式一为先判断，后执行，至少执行 0 次；格式二为先执行，后判断，至少执行 1 次。

② While 循环的条件为真时执行循环体，否则退出循环；Until 循环的条件为假时执行循环体，否则退出循环。两种格式可以相互转换。

③ 循环次数不确定。

④ Exit Do 表示当遇到该语句时，强制退出循环，执行 Loop 后的下一个语句。

（3）While 语句

```
While 条件
    [循环体]
Wend
```

说明：

① 执行过程：先判断，后执行。

② 等价于 Do While…Loop，区别是 While…Wend 语句中不能使用 Exit 语句跳出循环。

③ 循环次数不确定。

④ While 循环的条件一定要正确，否则会产生死循环或不执行。

2. 多重循环

VB 的 3 种形式的循环语句都可以互相嵌套，嵌套层数没有限制，使用比较灵活。

（1）当程序中使用了多个循环时，循环结构可以并列，也可以嵌套。

（2）内外循环语句结构相互匹配，循环体不能交叉。

（3）嵌套的内外循环不能用相同的循环变量名，不嵌套的循环则可以。

3. 循环结构控件

循环结构控件主要指列表框（ListBox）和组合框（ComboBox）。列表框控件能显示一个项目列表供用户选择，用户可以从列表中选择一个或多个选项。组合框则是把一个文本框和一个列表框组合起来构成一个整体，除了与列表框相同的功能外，组合框控件还可以在编辑区内手动输入列表中没有的选项。

（1）常用属性：除了 Name，Enable，Visible，Index 等外，还有些特有属性。

① List 属性：返回/设置在列表中包含的项目。

② ListCount 属性：运行时返回列表项的总个数。

③ ListIndex 属性：运行时设置或读取选中列表项的下标。下标的取值范围：0 ~ ListCount − 1。

④ Selected 属性:运行时选项是否被选中,True 选中,False 没选中。

⑤ Sorted 属性:运行期间,如果 Sorted 属性设置为 True,则项目按字母顺序排列显示;如果 Sorted 属性设置为 False,则选项按加入的先后顺序排列。

⑥ Text 属性:列表框的 Text 属性是指被选定的选项的文本内容;组合框的 Text 属性指返回用户在组合框列表中选择的选项的文本或直接从编辑区输入的文本。

⑦ Style 属性:列表框有标准、复选框两种格式。组合框有下拉式、简单和下拉式组合框三种格式。

(2)常用方法

① AddItem 方法:添加一个项目到列表框的指定位置。

语法格式为:

  对象.AddItem 项目字符串[,索引值]

项目字符串:必须是字符串表达式,表示要加入的项目。

索引值:决定新增项目在列表框中的位置,如果省略,则添加到最后。第一个项目的 Index 属性值为 0。

② 删除列表框中指定位置的项目。

语法格式为:

  对象.RemoveItem 索引值

③ Clear 方法:删除列表框中所有项目。

语法格式为:

  对象.Clear

实验六　循环结构程序设计应用

【实验目的】

(1)掌握 For 循环语句的使用方法。

(2)掌握 Do 循环语句的使用方法。

(3)掌握多重循环的使用方法及注意事项。

(4)掌握循环结构程序的设计方法及常用算法。

(5)掌握列表框、组合框控件的常用属性、方法和事件。

【实验内容】

【6-1】　完善程序,输入一串字母,按规则进行加密:将每个原码字母在 A－Z－A 首尾相连的字母表上向后移 6 位为译码。加密规则如表 1 所示。

程序分析:通过 For 循环和 Mid 函数依次得到每个字符,再对每个字符进行转换,转换关系见表 1。可以看出,字符 ch 转换后的 AscII 码为 Asc(ch)+6,但当字符为 U 到 Z 时,转换后的字符就超过 Z 的范围。因此当转换后字符的 AscII 码超过 90 时,转换后的字符串 AscII 码为 Asc(ch)+6−26。

表1　加密规则

原码	A	B	C	…	X	Y	Z
译码	G	H	I	…	D	E	F

实验步骤：

（1）根据题意设计界面。

（2）完善实验代码。

```
Private Sub Command1_Click()
    Dim str1 As String, str2 As String
    Dim n As Integer, ch As String * 1, i As Integer
    str1 = UCase(Trim(Text1.Text))
    For i = 1 To Len(str1)
      ch = _____
        n = Asc(ch) + 6
        If n <= 90 Then
         str2 = str2 + Chr(n)
        Else
         str2 = _____
        End If
    Next i
    Text2.Text = str2
End Sub
```

（3）按 F5 执行程序，然后单击"加密"按钮，程序运行结果如图1所示。

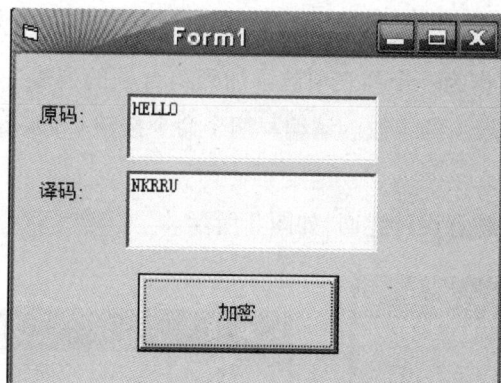

图1　运行结果

（4）保存窗体和工程文件。

【6-2】　编写程序，用 InputBox 函数输入变量 x 和 n，按公式（1）求下列级数和，直至末项小于 10^{-5} 为止。此题可采用 While/Wend 语句编写，也采用 Do/Loop 的格式编写。

$$1 + x + \frac{x^2}{2!} + \frac{x^3}{3!} + \cdots + \frac{x^n}{n!} + \cdots \tag{1}$$

程序分析:循环之前级数和初值为1,循环体内循环步长1,前后项有联系,若前一项 item 为 $\dfrac{x^2}{2!}$,则后一项 item 为 $\dfrac{x^3}{3!}$,前后项联系表示为 item $=$ item $\cdot \dfrac{x}{t}$,总的趋势是累加求和,循环后输出的变量为级数和。

实验步骤:

(1) 根据题意设计界面。

(2) 编写实验代码。

(3) 按 F5 执行程序。

(4) 保存窗体和工程文件。

【6-3】 编写程序,求 $m \sim n$ 每个整数的阶乘之和,例如 $5! + 6! + \cdots + 10!$。

程序分析:本例是一个累加与连乘两项操作的综合应用。累加就是在原有"和"的基础上每次再加一个数;连乘是指在原有"积"的基础上每次再乘以一个数。累加和连乘通常用循环结构来解决。

实验步骤:

(1) 根据题意设计界面,如图 2 所示。

(2) 编写实验代码。

(3) 按 F5 执行程序,调试程序。

(4) 保存窗体和工程文件。

【6-4】 完善程序,在名称为 Form1 的窗体上有 1 个Label1标题为"添加项目"的标签;1 个 Text1 的文本框没有初始内容;1 个名称 Combo1 的下拉式组合框,并通过属性窗口输入若干项目(不少于 3 个,内容任意);再添加 2 个命令按钮,名称分别为 AddCom,CountCom,标题分别为"添加"、"统计"。在运行时,向 Text1 中输入字符,单击"添加"按钮后,则 Text1 中的内容作为一个列表项被添加到组合框的列表中;单击"统计"按钮,则窗体上显示组合框中列表项的个数。请编写两个命令按钮 Click 事件过程。

实验步骤:

(1) 启动 VB,根据题意设计界面,如图 3 所示。

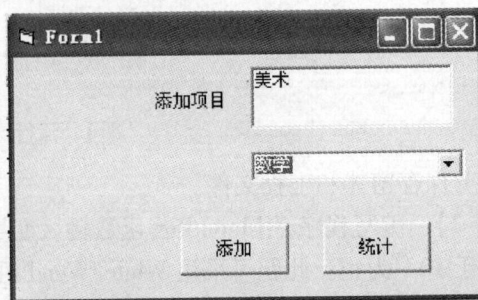

图 2　阶乘的和　　　　　　　　图 3　组合框示例

（2）设计窗体并设置控件属性（见表2）。

表2 控件属性设置

控件	属性	值
Label1	Caption	添加项目
Text1	Text	空
AddCom	Caption	添加
CountCom	Caption	统计
Combo1	List	空

（3）完善实验代码。

```
Private Sub AddCom_Click()

_____

End Sub
Private Sub CountCom_Click()

_____

End Sub
Private Sub Form_Load()
    Combo1.AddItem "英语"
    Combo1.AddItem "数学"
    Combo1.AddItem "外语"
    Combo1.AddItem "地理"
End Sub
```

（4）按 F5 执行程序，调试程序。

（5）保存窗体和工程文件。

【6-5】 编写程序，在窗体上设计5个标签，名称分别为"L1，L2，L3，L4 和 L5"，标题分别为"字体："、"选定的字体"、"字号选择"、"字体示例"和"VB 程序设计"。设计组合框 Combo1 提供可选择的字体；组合框 Combo2 提供可选择的字号；设计列表框 List1，用于显示在组合框1 中选中的项；设计两个命令按钮为"清除"列表内容和"退出"。在窗体装载事件时已给组合框 Combo1 和 Combo2 添加了项目。

编写程序代码，完成如下功能：

（1）在组合框 Combo1 中选择一项，就添加到列表框 List1 中。

（2）单击列表框 List1 中的项，则 L5 中字体就改变。

（3）在组合框 Combo2 中选择一项，则 L5 中字号就改变。

（4）实现"清除"列表内容和"退出"程序功能。

实验步骤：

（1）根据题意设计界面，如图4 所示。

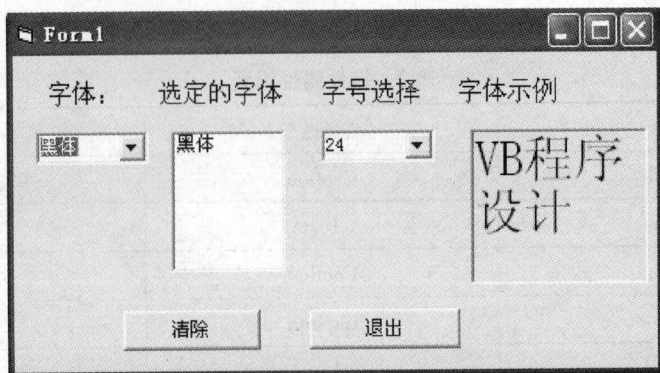

图 4　组合框列表框综合示例

（2）编写实验代码。

（3）按 F5 执行程序，调试程序。

（4）保存窗体和工程文件。

【6-6】 完善程序，观察如图 5 所示图形的规律并输出样式。要求单击"输出图形"按钮，弹出对话框，输入要输出的"＊"个数，然后屏幕显示平行四边形样式的图形。

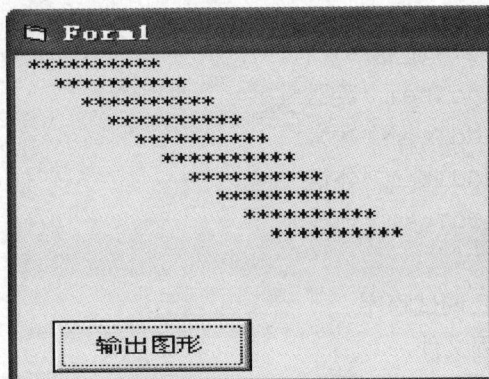

图 5　图　形

实验步骤：

（1）根据题意设计界面。

（2）完善实验代码。

```
Dim a As String, i As Integer, j As Integer
N = InputBox("输出几个＊")
a = String(N, "＊")
For i =1 To N
    Print Tab(_____);
    Print a
Next i
```

（3）按 F5 执行程序，调试程序。

（4）保存窗体和工程文件。

第7章

数　组

数组是一组具有相同类型有序变量的集合。这些变量按照一定的规则排列,使用一片连续的内存空间。在 VB 中,数组有两种类型——静态数组和动态数组。

对数组的操作是通过对数组元素的操作完成的。当需要对整个数组中连续元素进行处理时,利用循环结构是最有效的方法。

【重点】

(1) 数组的基本概念。

(2) 数组的结构。

(3) 静态数组。

(4) 动态数组。

(5) 数组的基本操作。

(6) 控件数组。

【难点】

(1) 数组的基本操作。

(2) 静态数组和动态数组的区别。

(3) 控件数组的使用。

【知识讲解】

1. 数组的基本概念

数组:是具有相同数据类型的一组变量。例如,A(1 To 100)表示一个包含 100 个数组元素的名为 A 的数组。

数组名:数组的代号,数组中所有的变量都使用同一名字,即数组名,数组名的命名和变量的命名规则一致。

数组元素:数组中的每一个变量称为数组元素,数组元素是用数组名和变量在数据中的序号(即下标)来唯一确定的。下标是数组的顺序号,用来表明数组元素在数组中的序号或位置。下标不能超过数组声明时的上、下界。下标可以是整型的常数、变量、表达式。表示方法:数组名(P1,P2,…)。

数组维数:如果数组只有一个下标,称为一维数组;如果有 2 个或者 2 个以上的下标,称为二维或多维数组;VB 规定最多 60 维数组。

数组的类型:数组是同一类型变量的集合,数组的类型实际上就是数组元素的类型。

数组的声明:数组和普通变量一样,都必须先声明后使用,数组在声明时,确定数组的数组名、数组类型、数组维数和数组的大小。声明数组时根据是否确定数组的大小,将数组分为动态数组和静态数组。

2. 数组的结构

在逻辑上,一维数组可以看成是一张一维表,二维数组可以看成是一张二维表。一维数组的物理结构是按照数组的下标顺序依次存放的,而二维数组在内存结构中是以"按列存放"的顺序线性存放的。

3. 静态数组和动态数组

静态数组:在数组声明时就规定了大小和下标上下界,并且在程序的运行过程中不能改变其大小的数组叫静态数组。静态数组是在程序编译时,由系统为其分配内存空间的。

动态数组:在定义时并不指定大小,在程序运行时根据需要为其分配内存空间,在程序运行时,可以多次改变大小、维数的数组叫动态数组。动态数组是在程序运行时,系统才为其分配内存空间。

静态数组和动态数组在定义和使用方法上都不一样,使用哪一种类型的数组,应根据需要而定。静态数组在定义时就确定了数组的大小和维数,在程序当中不能改变;动态数组在程序运行时可以多次改变数组的大小和维数。使用动态数组的优点是根据用户需要有效地利用存储空间,它是在程序执行到 ReDim 语句时才分配存储单元的,而静态数组是在程序编译时分配存储单元的。

4. 数组的基本操作

(1) 数组元素的赋值

① 用赋值语句给数组元素赋值。

② 通过循环语句逐一给数组元素赋值。

③ 用 InputBox 函数给数组元素赋值。

(2) 数组元素经过赋值后可以使用变量一样对其进行输出和引用,其输出的方法和普通输出方法相同。若需要数组输出为矩阵形式,要注意数组元素输出的格式。

(3) 数组元素的引用和普通变量引用方法也相同。在引用数组元素时,数组元素的下标表达式的值一定要在定义数组时规定的维界范围之内,否则就会产生"数组越界"的错误。

5. 控件数组的建立方法

在窗体上添加一个新控件,确定它是控件数组中的第一个控件,设置控件的 Name 属性。选择下述方法之一创建控件数组:

(1) 选定控件。单击右键,选择"复制",在窗体空白处单击右键,选择"粘贴",第一次粘贴时会出现对话框,单击"是"按钮即可。之后再依次粘贴,就会依次出现各个控件数组元素。每粘贴一次,新控件 Index 会自动增 1。

(2) 创建一个同类型的新控件,设置新控件的 Name 属性时,键入与第一个控件相同的名字,则弹出一个和第一条同样的对话框,同样点击"是"按钮即可。之后再创建新控件,再修改 Name 属性,就能正常添加控件数组的新元素。控件元素 Index 的值的顺序与添加的顺序一致。

实验七　数组的应用

【实验目的】

（1）掌握数组的概念和定义方法。

（2）掌握静态数组和动态数组的基本操作。

【实验内容】

【7-1】　随机生成一个二维数组 A(5,5)，数组元素为 2 位正整数，试编写程序计算：

（1）所有元素之和；

（2）所有靠边元素之和；

（3）两条对角线元素之和。

程序分析：两个命令都是对同一个数组进行操作，所以数组的说明语句要放到"通用"部分，定义为模块级数组。

实验步骤：

（1）根据题意设计界面，如图 1 所示。

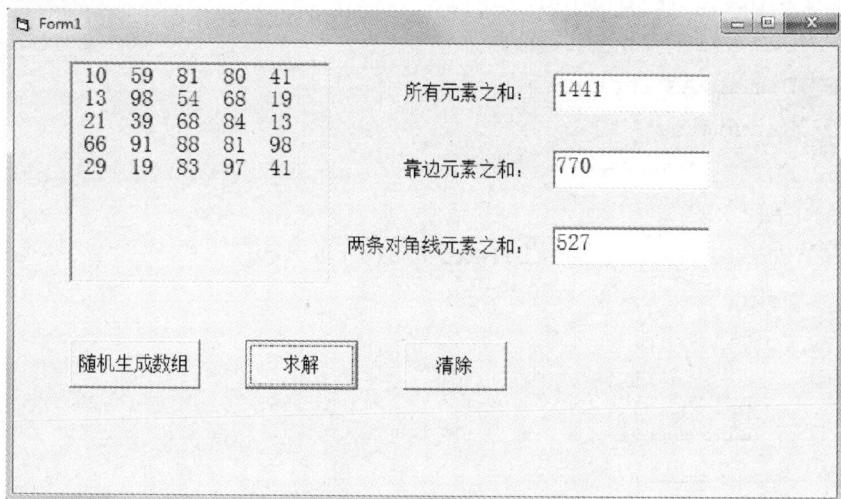

图1　二维数组示例

（2）编写程序代码。

（3）按 F5 执行程序。

（4）保存窗体和工程文件。

【7-2】　随机生成 15 个 100 以内的正整数并显示在一个文本框内，再将所有对称位置的两个数据对调后显示在另一个文本框中（第一个数和第 15 个数对调，第 2 个数和第 14 个数对调，第 3 个数和第 13 个数对调，以此类推）。

实验步骤：

（1）根据题意设计界面，如图 2 所示。

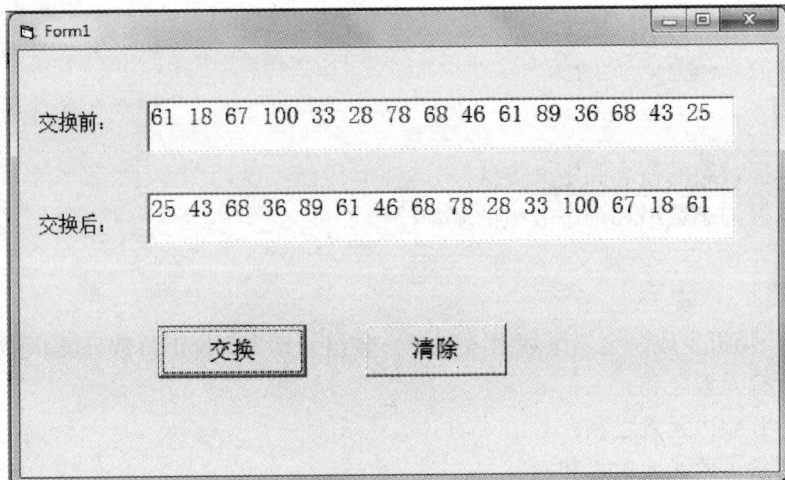

图2　数组元素对调

(2) 完善程序代码。

```
Option Base 1
Private Sub Command1_Click()
  Dim a(15) As Integer
  Dim i  As Integer
  Randomize
  For i =1 To 15
   a(i) =_____
   Text1.Text =Text1.Text & a(i) & " "
  Next i
  For i =1 To 7

     _____

     _____

     _____

  Next i
  For i =1 To 15
   Text2.Text =Text2.Text & a(i) & " "
  Next i
End Sub
Private Sub Command2_Click()
  Text1.Text = ""
  Text2.Text = ""
End Sub
```

(3) 运行程序,执行结果如图2所示。

(4) 保存窗体和工程文件。

【7-3】 判断一个数是否是完数。若一个数的因子和恰好等于它本身,这个数就称之为"完数"。一个数,除了本身以外,能够被其整除的数叫该数的因子。例如,6 的因子有 1,2,3,且 6 = 1 + 2 + 3,所以 6 是一个完数。

程序分析:求出输入数所有的因子,求和,并判断该因子和是否等于该数。因为无法预知输入数因子和的个数,所以需要定义动态数组存放因子。

实验步骤:

(1) 根据题意设计界面,如图 3 所示。

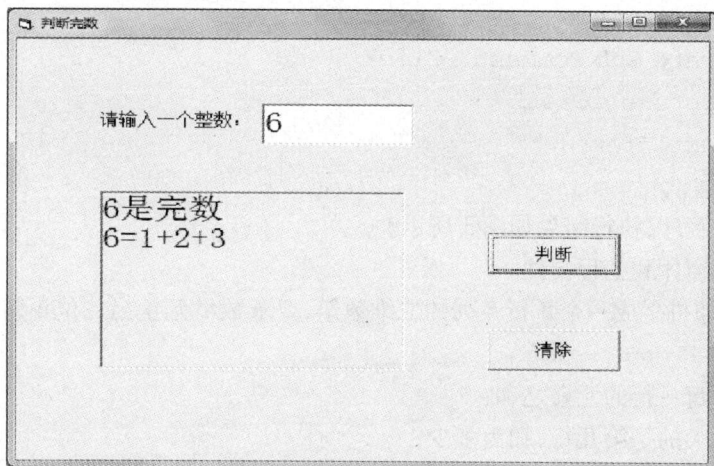

图 3   判断完数

(2) 完善实验代码。

```
Dim a( ) As Integer
Private Sub Command1_Click( )
    Dim x As Integer, m As Integer
    Dim i As Integer, s As Integer, strc As String
    x = Val(Text1.Text)
    m = 1 : s = 0
    For i = 1 To x - 1
      If x Mod i = 0 Then

      _____

      a(m) = i
      m = m + 1

      _____

      End If
    Next i
    If s = x Then
      Picture1.Print x & "是完数"
      strc = x & " = "
      For i = 1 To m - 2
```

```
            strc = strc & a(i) & " + "
         Next i
         _____
         Picture1.Print strc
       Else
         Picture1.Print x & "不是完数"
       End if
   End Sub
   Private Sub Command2_Click()
     Picture1.Cls
     Text1.Text = ""
   End Sub
```

（3）运行程序，执行结果如图 3 所示。

（4）保存窗体和工程文件。

【7-4】 随机生成一个 5 行 5 列的二维数组，要求数组元素为二位正整数，试编写程序计算：

（1）数组每一行的元素之和；

（2）和最大的是第几行，和为多少；

（3）每一列的元素之和；

（4）和最大的是第几列，和为多少。

程序分析：定义 3 个模块级数组，分别存放二维数组、数组每一行元素之和，每一列元素之和。随机生成 5 行 5 列二维数组。

实验步骤：

（1）根据题意设计界面，如图 4 所示。

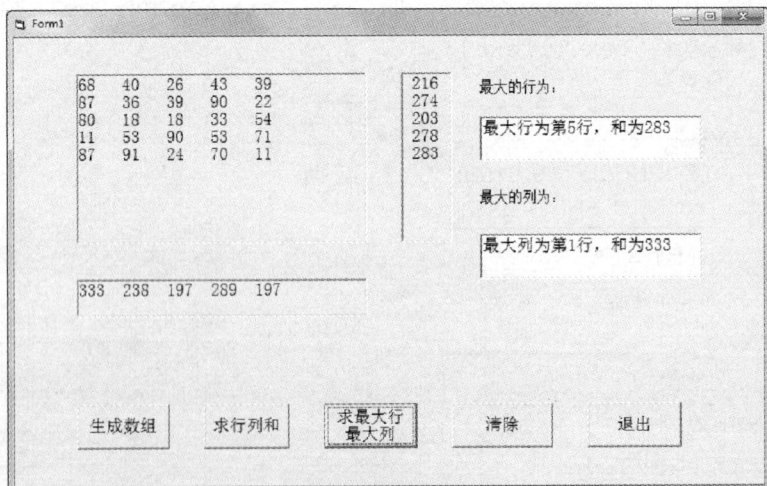

图 4　求最大行和列

（2）编写程序代码。

（3）运行程序，执行结果如图 4 所示。

（4）保存窗体和工程文件。

【7-5】　编写程序统计学生平均成绩，要求输入学生数和学生成绩，统计学生平均成绩和高于平均成绩的学生数。

程序分析：因为不确定学生人数，所以要使用动态数组，学生成绩可以用 InputBox 函数输入，使用列表框显示学生成绩。

实验步骤：

（1）根据题意设计界面，如图 5 所示。

（2）编写实验代码。

（3）按 F5 执行程序，调试程序。

（4）保存窗体和工程文件。

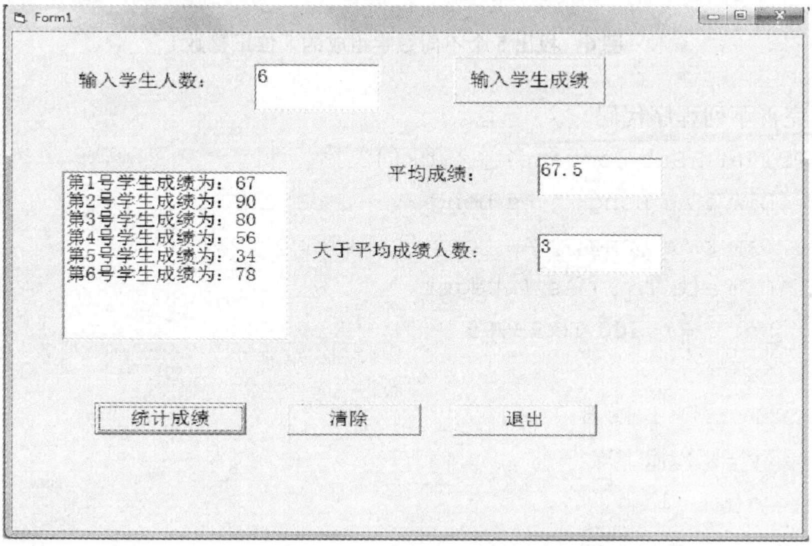

图 5　统计学生成绩

【7-6】　在 0 ~ 9 这 10 个数字中，找出所有由 5 个不同数字组成的 5 位正整数。

程序分析：本题的重点在于，5 个不同的数字中除了第 1 位数字不能为 0 外，其他几位可以是 10 个数字的任何一个。通常可以使用 6 个嵌套的循环来完成这项操作，但循环嵌套过多容易使循环结构变得复杂。这时可以使用另外一种方法解决问题，那就是判断每一个 5 位正整数是否是由 5 个不同的数字组成。在判断程序中会定义一个数组 a，数组 a 的下标定义为 0 ~ 9，数组的 10 个元素分别表示下标代表的数字是否曾经出现过。若值为 1，则下标数字曾经出现过，不能再使用；若值为 0，则表示没有出现过，可以使用。

实验步骤：

（1）根据题意设计界面，如图 6 所示。

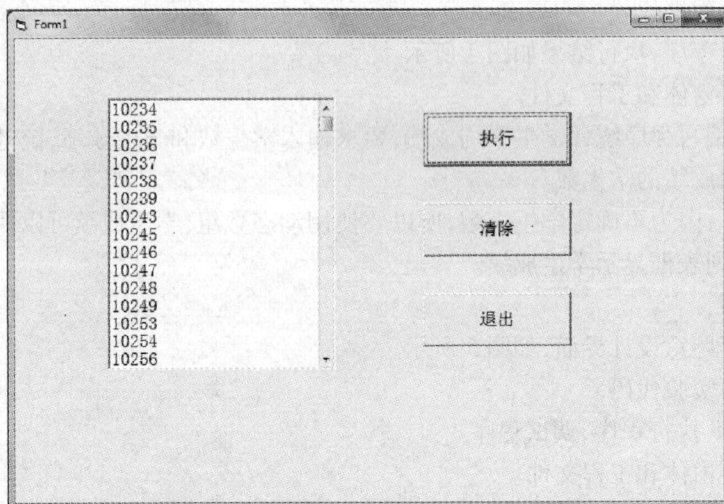

图 6　找出 5 个不同数字组成的 5 位正整数

（2）完善下列程序代码。

```
Private Sub Command1_Click()
    Dim i As Long, j As Long
    Dim x As Long, y As Long, s As Long
    Dim a(0 To 9) As Integer
    For i =10000 To 99999
     x = i
     For j =1 To 5
     y = x Mod 10
     a(y) =1
     _____

     Next j
     For j = 0 To 9
     _____

     Next j
     If s =5 Then
     _____

     End If
     For j = 0 To 9
     a(j) =0
     Next j
     s = 0
    Next i
End Sub
```

```
Private Sub Command2_Click()
    List1.Clear
End Sub
Private Sub Command3_Click()
    End
End Sub
```

（3）按 F5 执行程序，调试程序。

（4）保存窗体和工程文件。

实验八　控件数组应用

【实验目的】

（1）掌握控件数组的创建方法。

（2）掌握控件数组的编程方法。

【实验内容】

【8-1】　将单选按钮设置成两个控件的控件数组。在一个文本框 Text1 中输入一个整数（限定在 10 以内），计算输入数的阶乘，并显示在 Text2 文本框中。

程序分析：控件数组 Option1 的两个控件为 Option1(0)和为 Option1(1)，它们的索引值分别为 0 和 1。无论单击到哪个元素，都会触发 Option1_click 事件。而究竟单击的是哪个控件，依靠索引值 Index 的值加以区分。

实验步骤：

（1）根据题意设计界面，如图 1 所示。

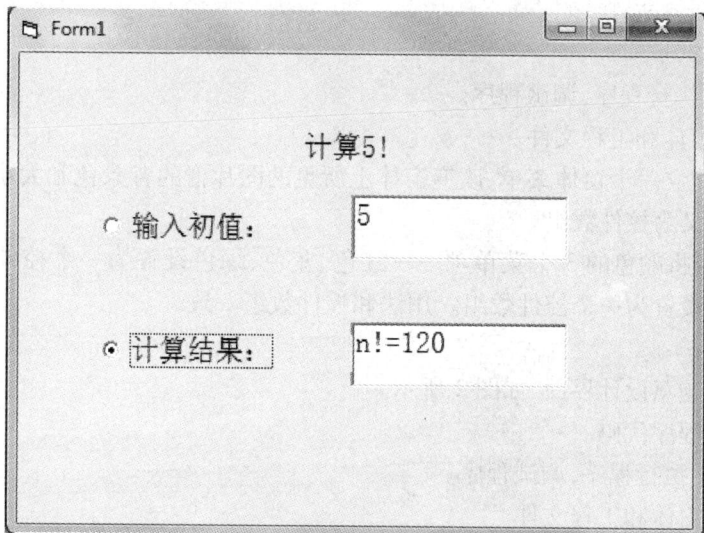

图 1　计算阶乘

（2）完善下列程序代码。

```
Option Explicit
Dim sum As Long, i As Integer, n As Integer
Private Sub Option1_Click(Index As Integer)
    Select Case _____
    Case 0
        Label1.Caption = "请输入 N 的值"
        Text1.Text = ""
        Text2.Text = ""
        Text1.SetFocus
    Case 1
        Label1.Caption = "计算" & Text1.Text & "!"
        If Val(Text1.Text) >10 Then
        Label1.Caption = "你输入的数字太大，重新输入!"
        Text1.Text = ""
        Text1.SetFocus
        _____
        End If
        sum =1 : n =Val(Text1.Text)
        For i =1 To n
        _____
        Next i
        Text2.Text = "n!  = " & sum
    End Select
End Sub
```

（3）按 F5 执行程序，调试程序。

（4）保存窗体和工程文件。

【8-2】 建立一个窗体菜单，改变窗体上所见的图片框的背景色和大小，相关功能的菜单项要求定义为控件数组。

程序分析：将颜色的 3 个菜单项——红色、蓝色、绿色设置为一个控件数组，将尺寸的 3 个菜单项设置为一个控件数组。用法和控件数组一致。

实验步骤：

（1）根据题意设计界面，如图 2 所示。

（2）编写程序代码。

（3）按 F5 执行程序，调试程序。

（4）保存窗体和工程文件。

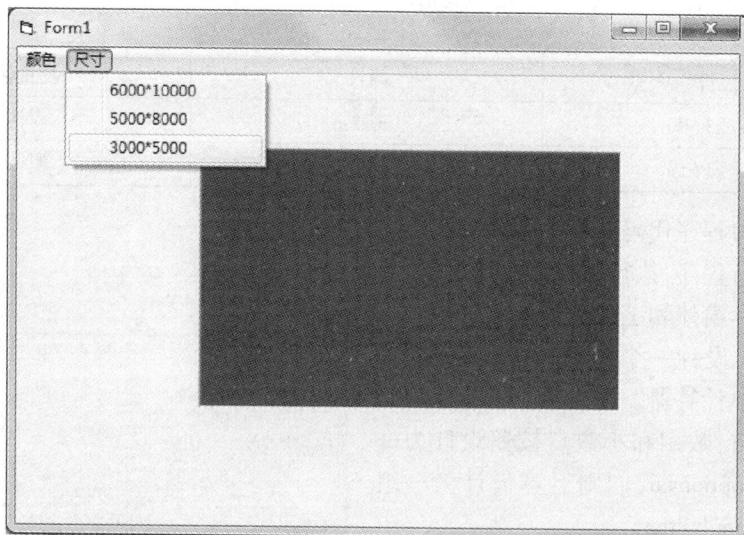

图 2　设置图片框格式

【8-3】　使用控件，设置文字的格式。

实验步骤：

（1）根据题意设计界面，如图 3 所示。

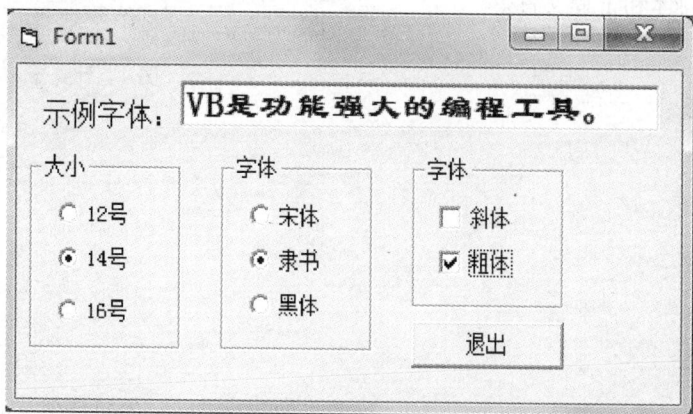

图 3　设置文字格式

主要控件和属性设置值如表 1 所示。

表 1　控件属性设置表

控件	属性	设置值
Option1（0）	Caption	12 号
Option1（1）	Caption	14 号
Option1（2）	Caption	16 号
Option2（0）	Caption	宋体
Option2（1）	Caption	隶书
Option2（2）	Caption	黑体

控件	属性	设置值
Check1(0)	Caption	斜体
Check1(1)	Caption	粗体

(2) 编写程序代码。

(3) 运行程序,执行结果如图 3 所示。

(4) 保存窗体和工程文件。

【8-4】 设计一个包含加、减、乘、除四则运算的简单计算器。

程序分析:数字和小数点按钮设计为一组控件数组 optionval,四则运算设计为一组控件数组 optionbutton。

实验步骤:

(1) 根据题意设计界面,如图 4 所示。

(2) 编写程序代码。

(3) 按 F5 执行程序,调试程序。

(4) 保存窗体和工程文件。

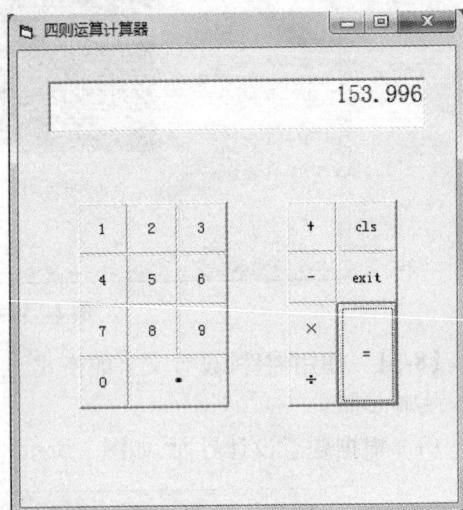

图 4　计算器

第 8 章

过程与函数

过程是 VB 代码的基本组织形式,过程包括事件过程和通用过程。通用过程能够将一个"大"过程分解为相对独立的若干个"小"过程,从而便于程序的调试和维护,有效的降低程序代码的重复性。

VB 提供了 2 种类型的通用过程:Sub 过程(通用过程)和 Function 过程(函数)。

【重点】

(1) 过程与函数的定义、调用。

(2) 过程与函数的参数传递。

(3) 过程的嵌套调用及递归过程的应用。

(4) 变量与过程的作用域。

【难点】

(1) 参数的按值传递和按地址传递。

(2) 递归过程的调用。

【知识讲解】

1. Sub 过程

(1) Sub 过程的定义

语法格式:

```
[Private|Public][Static] Sub 过程名 ([形式参数])
     过程体
End Sub
```

说明:

① Sub 过程以 Sub 开头,以 End Sub 结尾。Private 定义的 Sub 过程是模块级的,Public定义的 Sub 过程是程序级的,若均缺省则系统默认为 Public(程序级)。

② Static 修饰的 Sub 过程为模块级的(私有的),且过程中所有局部变量均被定义为静态变量。

③ 过程名的命名规则与变量的命名相同。

④ 根据编程需要,Sub 过程可以有一个或多个形参,也可以没有形参。

（2）Sub 过程的调用

① Call 语句调用：Call 过程名（实参 1，实参 2，…）。

② 过程名调用：过程名（实参 1，实参 2，…）。

2. 函数

（1）Function 过程的定义

语法格式：

[Private|Public] [Static] Function 函数名（[形式参数]）[As 数据类型]

　　过程体

End Function

说明：

① 函数以 Function 开头，以 End Function 结尾。函数过程被调用执行时所需要执行的代码全部组织在过程体中。

② 函数名的命名规则与变量的命名相同。

③ Function 函数可以有一个或多个形参，也可以没有形参。

④ Function 函数可通过函数名返回一个值，故需指明返回值的数据类型，即函数名的数据类型。

（2）Function 函数的调用

① Call 语句调用：Call 函数名（实参 1，实参 2，…）。

② 过程名调用：函数名（实参 1，实参 2，…）。

③ 表达式中调用：变量名 = 函数名（实参 1，实参 2，…）。

Function 过程与 Sub 过程最根本的区别在于其具有返回值。

3. 形参与实参

（1）形参与实参的含义

① 形参：Sub 过程和 Function 过程定义语句中的参数。形参可以是变量或数组，在过程没有被调用之前形参并没有被分配存储空间，更没有数值，仅说明该变量或数组的数据类型。故形参仅仅是"形式上的参数"。

② 实参：父过程中具有确定值的参数。过程在被执行之前需要将实际参数的数据传递给形参。

（2）按地址传递

① 语法格式：形参前加上关键字"ByRef"（或系统默认方式）。

② 传递特点：传递给形参的是父过程调用语句中相应实参的地址，即子过程的形参和父过程的实参共享一个内存单元，在子过程中改变形参的值时，父过程实参的值也随着改变。实参和相应形参的数据类型必须一致。

（3）按值传递

① 语法格式：形参前加上关键字"ByVal"。

② 传递特点：传递给形参的是父过程调用语句中相应实参的值，即父过程中的实参将自身的值赋值给子过程中的形参，在子过程中改变形参的值则不会对父过程中实参的值产生影响。

4. 嵌套调用及递归

（1）嵌套调用

① 含义：父过程可以调用子过程，而子过程可再调用其他子过程，如此一级级调用下去。父过程和子过程都是相对而言的。

② 注意：嵌套调用程序执行的流程。

（2）递归过程

① 含义：一个过程对其本身的调用。

② 注意：正确编写递归，掌握递归的程序设计思想。

5. 作用域

（1）过程和函数作用域

① 模块级过程：过程定义中用 Private 进行修饰，模块级过程只能被其所在模块中的其他过程调用。

② 程序级过程：过程定义中用保留字 Public 进行修饰（或系统缺省），程序级过程在整个应用程序的所有模块中均可被调用。

（2）变量作用域

① 过程级变量：也称局部变量，过程级变量在过程（包括事件过程和通用过程）中定义，而其作用范围也仅限于其所在的过程，在其他过程中不能对该变量进行访问。

过程级变量有"动态"（Dim）和"静态"（Static）之分。过程结束后，Dim 定义的变量由系统收回"动态"过程级变量的存储单元，变量消失，再次执行时系统将重新分配存储单元；但 Static 定义的"静态"变量的存储空间一直保留直至整个程序的运行结束。

② 模块级变量：作用范围为整个模块，在模块顶部的通用声明段中用 Private 或 Dim 语句进行定义。

③ 程序级变量：也称全局变量，作用范围为整个程序的所有模块，在模块顶部的通用声明段处或在标准模块中用 Public 语句定义。

实验九·Sub 过程应用

【实验目的】

（1）掌握 Sub 过程的定义方法。

（2）掌握 Sub 过程的调用方法。

（3）理解 Sub 过程调用的执行过程。

（4）掌握参数按地址传递和按值传递的作用。

【实验内容】

【9-1】 阅读如下程序代码，写出程序输出结果，并与实际运行结果相比较，理解过程调用的执行过程及参数按值传递、按地址传递对程序运行结果的影响。

```
Option Explicit
Private Sub Command1_Click()
    Dim a As Integer, b As Integer, c As Integer
```

```
        a = 7
        b = 8
        c = 9
        Call sub1(a, b, c)
        Print a; b; c
        Call sub1(a, c, c)
        Print a; b; c
    End Sub
    Private Sub sub1(x As Integer, ByVal y As Integer, z _
        As Integer)
        x = 2 * z
        y = 3 * z
        z = x + y
        Print x; y; z
    End Sub
```

【9-2】 完善程序,实现 2 个整型变量数据的互换。

程序分析:2 个变量数据的交换,需借助第 3 个变量实现。通用过程 Exchange 完成任 2 个数据的互换,并通过参数的按地址传递"返回"到主程序。

实验步骤:

(1) 程序参考界面如图 1 所示。

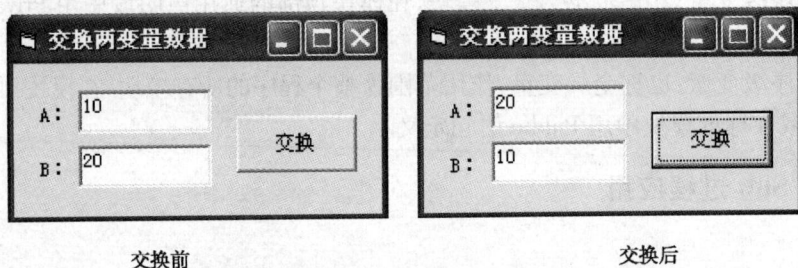

交换前   交换后

图 1　交换界面

(2) 完善实验代码。

```
    Option Explicit
    Private Sub Command1_Click()
        Dim A As Integer, B As Integer
        A = Text1.Text
        B = Text2.Text

        _____

        Text1.Text = A
        Text2.Text = B
    End Sub
```

```
Private Sub Exchange(ByRef x As Integer, ByRef y As Integer)
    Dim Temp As Integer
        _____

        _____

        _____

End Sub
```

（3）按 F5 执行程序。

（4）保存窗体和工程文件。

【9-3】　编写程序,计算一维数组中的最大值和最小值。

程序分析:通用过程 Maxmin 用于计算任意一维数组 a 的最大元素值和最小元素值,形参 max,min 用于存储最大值和最小值,并通过参数的按地址传递将其"返回"到主程序。按钮 Command1("生成数组"按钮)的 Click 事件过程用于产生随机数组元素(两位正整数),Command2("求最值"按钮)的 Click 事件过程用于对 Maxmin 过程进行调用,并将计算结果进行输出。

实验步骤:

（1）程序参考界面如图 2 所示。

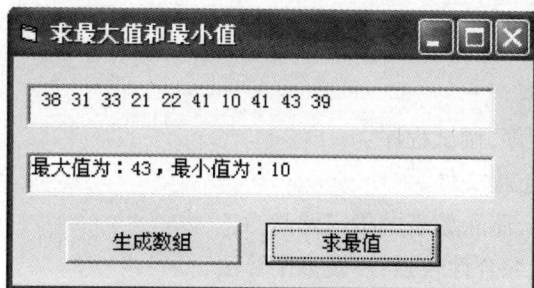

图 2　求最大值和最小值

（2）完善实验代码。

```
Option Explicit
Private a(1 To 10) As Integer
Private Sub Command1_Click()
    Dim i As Integer
    For i = 1 To 10
        a(i) = _____
        Text1.Text = Text1.Text & Str(a(i))
    Next i
End Sub
Private Sub Command2_Click()
    Dim max As Integer, min As Integer
        _____

    Text2.Text = "最大值为:" & max & ",最小值为:" & min
End Sub
```

```
Private Sub Maxmin(a() As Integer, max As Integer, min_
    As Integer)
    Dim i As Integer
    max = a(1)
    _____
    For i = 2 To _____
        If max < a(i) Then max = a(i)
        If min > a(i) Then min = a(i)
    Next i
End Sub
```

(3) 按 F5 执行程序。

(4) 保存窗体和工程文件。

【9-4】 编写程序,随机生成 15 个两位正整数,应用比较法对其按从小到大的次序排序。

程序分析:本实验中要求编写一通用过程 Sort 实现对任意多个元素按比较法排序。

实验步骤:

(1) 根据题意设计界面。

(2) 编写实验代码。

(3) 按 F5 执行程序,调试程序。

(4) 保存窗体和工程文件。

【9-5】 编写程序,删除数组中指定元素。

程序分析:本实验综合性较强,涉及多个算法。

(1) 首先要应用 Rnd 函数随机产生 10 个两位正整数,在此要求数字不重复。

(2) 应用 InputBox 函数指定要删除的元素(见图 3),程序查找要删除元素的位置。

(3) 程序将要删除的元素从数组中删除,编写通用过程 delete 实现删除功能。

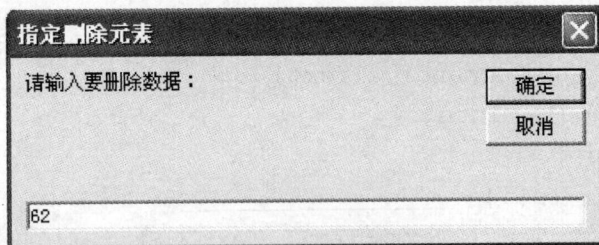

图 3 InputBox 界面

实验步骤:

(1) 根据题意设计界面,如图 4 所示。

(2) 编写实验代码。

(3) 按 F5 执行程序,调试程序。

(4) 保存窗体和工程文件。

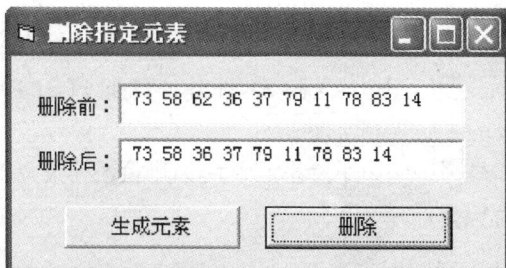

图 4　删除指定元素界面

实验十　Function 过程应用

【实验目的】

（1）掌握 Function 过程的定义方法。

（2）掌握 Function 过程的调用方法。

（3）理解 Function 过程调用的执行过程。

（4）掌握参数按地址传递和按值传递的作用。

【实验内容】

【10-1】 完善程序,在文本框中以每行 5 个的形式列出所有两位质数。

程序分析:本实验要求找出 10 ~ 99 之间的所有质数,基本算法为穷举法,即对范围间所有整数逐个进行判断,若是质数则显示在文本框中。动态数组 a 用于存储质数,文本框要设定多行文本显示,每连续输出 5 个后需用回车换行符(VbCrLf)进行换行。程序中 Judge 函数过程用于判断任意正整数是否为质数。

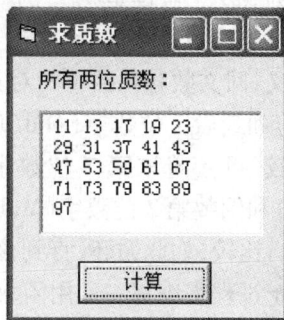

图 1　求质数界面

实验步骤:

（1）根据题意设计界面,如图 1 所示。

（2）完善实验代码。

```
Option Explicit
Private Sub Command1_Click()
    Dim a() As Integer, i As Integer
    Dim k As Integer
    For i =10 To 99
        If _____ Then
            k = k +1
            _____
            a(k) = i
        End If
```

```
        Next i
        For i = 1 To UBound(a)
            Text1.Text = Text1.Text & Str(a(i))
            If _____ Then
                Text1.Text = Text1.Text & vbCrLf
            End If
        Next i
    End Sub
    Private Function Judge(n As Integer) As Boolean
        Dim i As Integer
        For i = 2 To n - 1
            If n Mod i = 0 Then _____
        Next i
        Judge = True
    End Function
```

(3) 按 F5 执行程序,调试程序。

(4) 保存窗体和工程文件。

【10-2】 编写程序,找出所有三位数字的回文数。

程序分析:所谓回文数,是指该数字正着读和倒着读相同的数字,如 575 是回文数,因为 575 正着读是 575,倒着读也是 575。解决本问题的基本思想同样为穷举法,即对所有三位整数逐个进行判断。例如,判断某 n 位整数 i 是否为回文数,其基本算法为:根据定义,回文数各位数字相对其中心位置前后对称,即首先取第 1 位数字($Mid(CStr(i),1,1)$)和最后 1 位数字($Mid(CStr(i),n,1)$)进行比较,再接着取第 2 位数字($Mid(CStr(i),2,1)$)和倒数第 2 位数字($Mid(CStr(i),n-1,1)$)进行比较,如此循环,直到该数字中心位置。该判定过程需编写一通用函数过程来完成。

实验步骤:

(1) 根据题意设计界面,如图 2 所示。

(2) 编写实验代码。

(3) 按 F5 执行程序,调试程序。

(4) 保存窗体和工程文件。

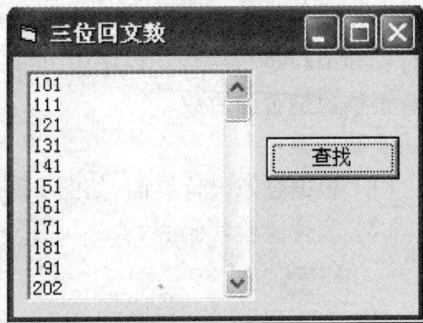

图 2　查找三位回文数

【10-3】 完善程序,根据下式计算 e^x 的值,要求计算精度为第 n 项的值小于 10^{-6}:

$$e^x = 1 + x + \frac{x^2}{2!} + \frac{x^3}{3!} + \cdots + \frac{x^n}{n!} + \cdots$$

程序分析:在 VB 系统系统内,e^x 为基本数学函数,其形式为 $Exp(x)$。本例中,要求根据给定的计算公式直接计算出 e^x 值,在实验 6-2 中已用迭代的思想对该公式进行了编程,本例在其基础上编写一个通用函数过程 MyExp 用于计算 e^x 值,并将计算结果与 $Exp(x)$ 结果相比较。

实验步骤：

（1）根据题意设计界面，如图 3 所示。

图 3　计算 e^x

（2）完善实验代码。

```
Option Explicit
Private Sub Command1_Click()
      Dim x As Double
      x = Text1.Text
      Text2.Text = Exp(x)
End Sub
Private Sub Command2_Click()
      Dim x As Double
      x = Text1.Text
      Text3.Text = _____
End Sub
Private Function myExp(x As Double) As Double
      Dim n As Integer, t As Single
      Dim sum As Double
      n = 1
      t = 1
      _____
      Do
            _____
            sum = sum + t
            n = n + 1
      Loop While _____
      myExp = sum
End Function
```

（3）按 F5 执行程序。

（4）保存窗体和工程文件。

【10-4】 根据下式编写程序计算 arcsin x 函数的值,要求计算精度为第 n 项的值小于 10^{-6}:

$$\arcsin x = x + \frac{x^3}{2 \times 3} + \frac{1 \times 3 \times x^3}{2 \times 4 \times 5} + \frac{1 \times 3 \times 5 \times x^7}{2 \times 4 \times 6 \times 7} + \cdots$$

程序分析:与实验 10-3 相似,本例中可根据给定计算公式编写一个函数 Myarcsin 用于计算 arcsin x 函数的值,主程序中指定 x 值并对 Myarcsin 函数进行调用,完成计算结果的输出显示。

实验步骤:

(1)根据题意设计界面,如图 4 所示。

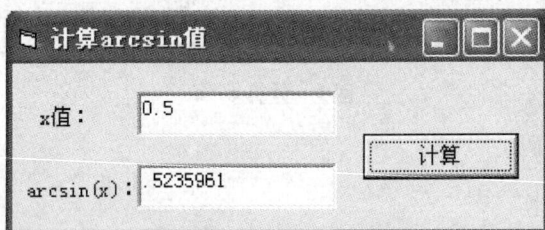

图 4　计算 arcsin 值

(2)编写实验代码。

(3)按 F5 执行程序,调试程序。

(4)保存窗体和工程文件。

【10-5】 编写程序,从由字母和数字构成的字符串中提取连续出现的数字构成一个整数,并将这些整数转换为二进制数。

程序分析:本实验包含 2 个关键步骤,第一步正确提取字符串中的数字并将连续数字构成整数,第二步将整数向二进制形式进行转换。

(1)在提取数字并构造整数的过程中,需对整个字符串(如用字符型变量 s 表示)应用 Mid 函数逐位提取字符(如用字符型变量 t 表示),判断 t 是数字还是字母。若为数字(字符比较运算,t > = "0" And t < = "9"),则执行语句 p = p & t(p 为字符型变量),将连续数字构成一个整体,直到所提取的字符为字母,则上述变量 p 的值即为所构造的一个整数。如此循环直至提取到整个字符串的结尾。程序中可定义一个动态数组,用于存储所构造的整数。

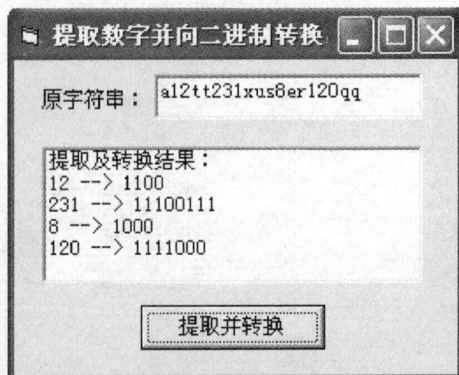

(2)编写一个通用函数过程,用于实现任意整数向二进制数的转换。

实验步骤:

(1)根据题意设计界面,如图 5 所示。

(2)编写实验代码。

(3)按 F5 执行程序,调试程序。

(4)保存窗体和工程文件。

图 5　提取整数向二进制数转换

实验十一　嵌套调用及递归

【实验目的】

（1）理解递归的含义。

（2）掌握嵌套调用及递归调用的执行过程。

（3）掌握递归的编程思想和编程方法。

【实验内容】

【11-1】　阅读如下程序代码，写出程序输出结果，并与实际运行结果相比较，理解递归调用的执行过程。

```
Private Sub Command1_Click()
    Dim a As Integer
    a = 5
    Print F(a)
End Sub
Private Function F(ByVal n As Integer) As Integer
    n = 2 * n - 1
    If n < 50 Then
        F = F(n) + 10
    Else
        F = 100
    End If
    Print F; n
End Function
```

【11-2】　编写递归过程，计算 $1 + 2 + 3 + \cdots + n$ 的值。

程序分析：该式结果通过循环语句进行累加求和运算即可实现。本实验中要求应用递归过程进行运算。分析该式不难发现，递归思想可体现在如下计算公式：

$$\operatorname{sum}(n) = \begin{cases} n + \operatorname{sum}(n-1), & n > 1 \\ 1, & n = 1 \end{cases}$$

若想计算出前 n 项的和，需知道前 $n-1$ 项的和；计算前 $n-1$ 项的和，需知道前 $n-2$ 项的和；以此类推，直至第 1 项的和（$n=1$，其和为 1）。

实验步骤：

（1）根据题意设计界面。

（2）编写实验代码。

（3）按 F5 执行程序，调试程序。

（4）保存窗体和工程文件。

【11-3】 编写递归过程,计算 Fibonacci 数列$(1,1,2,3,5,8,13,21,\cdots)$第 n 项的值。

程序分析:Fibonacci 数列各项数据存在如下规律($F(n)$表示第 n 项的值):

$$F(n) = \begin{cases} F(n-1) + F(n-2), & n \geqslant 3 \\ 1, & n = 1,2 \end{cases}$$

若计算第 n 项的值,则需先计算出其前两项(第 $n-1$ 项和第 $n-2$ 项)的值,数列第 1,2 项的值均为1。

实验步骤:

(1) 根据题意设计界面,如图1所示。

(2) 编写实验代码。

(3) 按 F5 执行程序,调试程序。

(4) 保存窗体和工程文件。

【11-4】 编写递归过程,计算 2 个正整数的最大公约数。

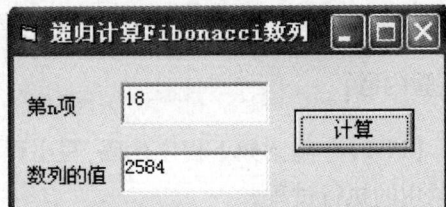

图1　递归计算

程序分析:求 2 个正整数最大公约数的基本算法为辗转相除法,教材中相关例题已有详细讲解。本实验要求编写一递归过程 gcd 实现最大公约数的计算。

算法提示:若计算 m 和 n 的最大公约数,可按下述步骤进行求解。

(1) 令 $r = m \bmod n$。

(2) 判断 r 的值是否为 0:

若 $r = 0$(m 能被 n 整除),则 n 即为二者最大公约数,即 $Gcd = n$,程序结束;

若 $r <> 0$,则执行第(3)步。

(3) 令 $gcd = gcd(n,r)$。

实验步骤:

(1) 根据题意设计界面。

(2) 编写实验代码。

(3) 按 F5 执行程序,调试程序。

(4) 保存窗体和工程文件。

第9章

文 件

文件是指存储在计算机外部介质上的数据的集合。使用文件可以将应用程序所需要的原始数据、处理的中间结果以及执行的最后结果以文件的形式保存起来,以便继续使用或打印输出。

【重点】

(1) 文件的结构和分类。
(2) 文件操作语句和函数。
(3) 顺序文件的写操作和读操作。
(4) 随机文件的写操作和读操作。
(5) 文件系统控件的使用。

【难点】

(1) 顺序文件、随机文件的读写操作。
(2) 文件系统控件的综合使用。

【知识讲解】

1. 文件的有关概念

(1) 记录:计算机处理数据的基本单位,由若干个相互关联的数据项组成。它相当于表格中的一行。

(2) 文件:记录的集合,相当于一张表。

(3) 文件类型:顺序文件、随机文件、二进制文件。

(4) 访问模式:计算机访问文件的方式,VB 中有顺序、随机、二进制 3 种访问模式。

2. 顺序访问模式

顺序访问模式的规则最简单,是指读出或写入时,从第一条记录"顺序"地读到最后一条记录,不可以跳跃式访问。该模式专门用于处理文本文件,每一行文本相当于一条记录,每条记录可长可短,记录与记录之间用"换行符"来分隔。

顺序文件的写入步骤:打开、写入、关闭;读出步骤:打开、读出、关闭。

(1) 打开文件

打开文件的命令是 Open,格式为:

　　Open "文件名" For 模式 As [#]文件号 [Len = 记录长度]

说明：

① 文件名可以是字符串常量，也可以是字符串变量。

② 模式可以是下面 3 种之一。

Output：打开一个文件，将对该文件进行写操作。

Input：打开一个文件，将对该文件进行读操作。

Append：打开一个文件，将在该文件末尾追加记录。

③ 文件号是一个介于 1~511 的整数，打开一个文件时需要指定一个文件号，这个文件号就代表该文件，直到文件关闭后这个文件号才可以被其他文件所使用。可以利用 FreeFile( ) 函数获得下一个可以利用的文件号。

（2）写操作

将数据写入磁盘文件所用的命令是 Write # 或 Print #。

语法格式：

```
Print # 文件号,[输出列表]
Write # 文件号,[输出列表]
```

格式中的"输出列表"中的参数可以是数值型域字符串表达式，它们之间一般用逗号进行分隔。Write #与 Print #的功能基本相同，区别是 Write #是以紧凑格式存放，在数据间插入逗号，并给字符串加上双引号。

（3）关闭文件

结束各种读写操作后，必须将文件关闭，否则会造成数据丢失。关闭文件的命令是 Close，格式为：

```
Close [#]文件号 [,[#]文件号]…
```

例：Close #1,#2,#3。

（4）读操作

① Input #文件号,变量列表

作用：将从文件中读出的数据分别赋给指定的变量。

注意：只有与 Write #配套才可以准确地读出。

② LineInput #文件号,字符串变量

用于从文件中读出一行数据，并将读出的数据赋给指定的字符串变量，读出的数据中不包含回车符和换行符，可与 Print #配套用。

③ Input $(读取的字符数,#文件号)

该函数可以读取指定数目的字符。

与读文件有关的两个函数：

LOF( )：返回某文件的字节数

EOF( )：检查指针是否到达文件尾。

3. 随机访问模式

该模式要求文件中的每条记录的长度都是相同的，记录与记录之间不需要特殊的分隔符号。只要给出记录号，就可以直接访问某一特定记录，其优点是存取速度快，更新容易。

（1）打开与关闭

打开：

Open "文件名" ForRandom As [#]文件号 [Len = 记录长度]

关闭：

Close # 文件号

注意：文件以随机方式打开后，可以同时进行写入和读出操作，但需要指明记录的长度，系统默认长度为 128 个字节。

（2）读与写

读操作：

Get [#] 文件号 ,[记录号]，变量名

说明：Get 命令是从磁盘文件中将一条由记录号指定的记录内容读入记录变量中；记录号是大于 1 的整数，表示对第几条记录进行操作。如果忽略不写记录号，则表示当前记录的下一条记录。

写操作：

Put [#]文件号,[记录号]，变量名

说明：Put 命令是将一个记录变量的内容，写入所打开的磁盘文件指定的记录位置；记录号是大于 1 的整数，表示写入的是第几条记录。如果忽略不写记录号，则表示在当前记录后插入一条记录。

4. 二进制访问模式

打开：

Open "文件名" ForBinary As [#]文件号 [Len = 记录长度]

关闭：

Close # 文件号

该模式是最原始的文件类型，直接把二进制码存放在文件中，没有什么格式，以字节数来定位数据，允许程序按所需的任何方式组织和访问数据，也允许对文件中各字节数据进行存取和访问。

该模式与随机模式类似，其读写语句也是 Get 和 Put，区别是二进制模式的访问单位是字节，随机模式的访问单位是记录。在此模式中，可以把文件指针移到文件的任何地方。

5. 文件系统控件

（1）文件系统控件种类

① 驱动器列表框（DriveListBox）：用来显示当前机器上的所有盘符。

② 目录列表框（DirListBox）：用来显示当前盘上的所有文件夹。

③ 文件列表框（FileListBox）：用来显示当前文件夹下的所有文件名。

（2）重要属性（见表 9.1）

表 9.1　文件重要属性

属　性	适用的控件	作　用	示　例
Drive	驱动器列表框	包含当前选定的驱动器名	Driver1. Drive = "C"
Path	目录和文件列表框	包含当前路径	Dir1. Path = "C:\WINDOWS"

续表

属　性	适用的控件	作　用	示　例
FileName	文件列表框	包含选定的文件名	MsgBoxFile1.FileName
Pattern	文件列表框	决定显示的文件类型	File1.Pattern = " * . BMP"

（3）重要事件（见表9.2）

表 9.2　文件重要事件

事　件	适用的控件	事件发生的时机
Change	目录和驱动器列表框	驱动器列表框的 Change 事件是在选择一个新的驱动器或通过代码改变 Drive 属性的设置时发生；目录列表框的 Change 事件是在双击一个新的目录或通过代码改变 Path 属性的设置时发生
PathChange	文件列表框	当文件列表框的 Path 属性改变时发生
PattenChange	文件列表框	当文件列表框的 Pattern 属性改变时发生
Click	目录和文件列表框	用鼠标单击时发生
DblClick	文件列表框	用鼠标双击时发生

实验十二　文件基本操作

【实验目的】

（1）理解文件操作的一般步骤及实现方法。

（2）掌握顺序文件、随机文件的特点和区别。

（3）掌握常用文件函数和文件命令的使用方法。

【实验内容】

【12-1】 完善程序，新建 VB 工程文件，并将该工程中的窗体文件名称改为"vbbc"。

请在适当位置添加控件：一个驱动器列表框 Drive1；一个目录列表框 Dir1；一个文件列表框 File1，自动过滤出扩展名为 bmp 和 jpg 的图形文件；一个图像框 Image1，其中的图片自动匹配图像框的大小。（以上操作在属性窗口中完成）

实验要求：使得驱动器列表框、目录列表框和文件列表框同步工作；文件列表框中显示扩展名为 bmp 和 jpg 的图形文件；当单击文件列表框中的某个图形文件时，图像框中显示出该图片（可为机器上任意扩展名为 bmp 和 jpg 的图形文件）。运行界面如图 1 所示。

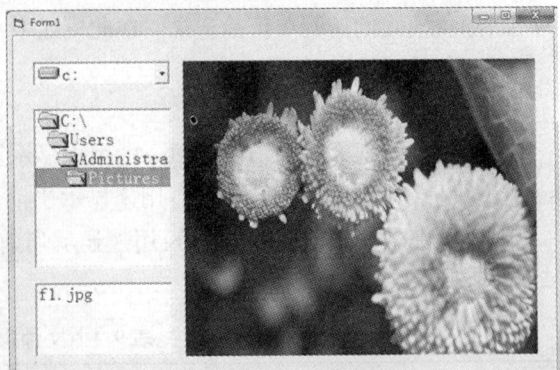

图 1　运行界面

实验步骤：

（1）根据题意设计界面，如图 1 所示。

（2）完善实验代码。

```
Private Sub Dir1_Change()
   File1.Path = _____
   End Sub
Private Sub Drive1_Change()
   Dir1.Path = _____
End Sub
Private Sub File1_Click()
   Image1.Picture = LoadPicture(_____)
End Sub
```

（3）按 F5 执行程序。

（4）保存窗体和工程文件。

【12-2】 如图 2 所示，从当前目录文件"学生名单.dat"中读取 15 个学生名单显示在列表框中，在查找文本框（Text1）中输入一个姓氏或一个完整的名字，单击"查找"按钮进行查找。若找到，就把所有与 Text1 中相同的名字或所有具有相同姓氏的姓名显示在查找内容文本框（Text2）中；若未找到，则在 Text2 显示"没有找到"；若 Text1 中没有输入内容，则 Text2 中显示"还未输入查找内容！"。

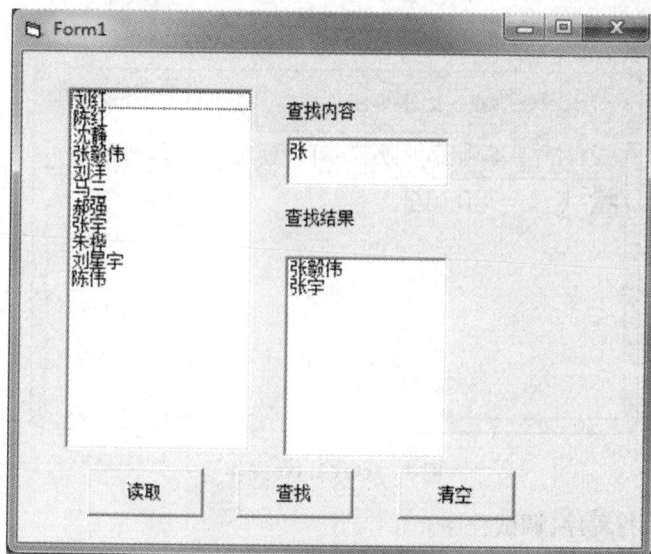

图 2　读取名单进行查找

实验步骤：

（1）根据题意设计界面。

（2）编写实验代码。

（3）按 F5 执行程序。

（4）保存窗体和工程文件。

【12-3】 如图 3 所示,"score1. txt"文件中有 5 个运动员的姓名、7 个裁判的打分和动作的难度系数。每条数据占一行,顺序是姓名、7 个分数、难度系数。程序运行时,单击"读入"按钮,可把文件"score1. txt"中内容读取数组(athlete)中,把 5 组得分(每组 7 个)和难度系数读入二维数组 a 中(每行最后一个元素),单击"选出冠军"按钮,则把冠军的姓名和成绩分别显示在对应文本框中,单击"保存"按钮,则冠军的姓名和成绩存入新的文件 score2. txt 中(见图 4)。

实验步骤:

(1) 根据题意设计界面,如图 3 所示。

(2) 编写实验代码。

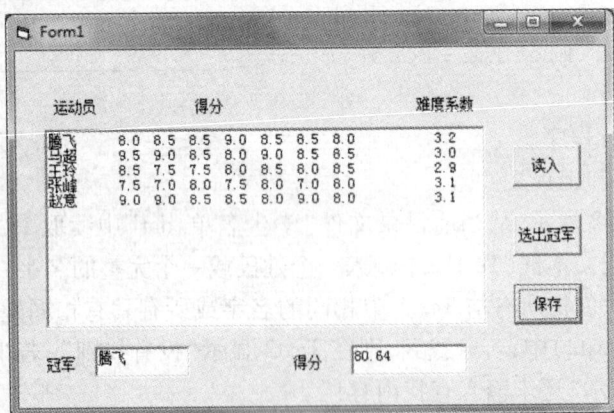

图 3　选出冠军

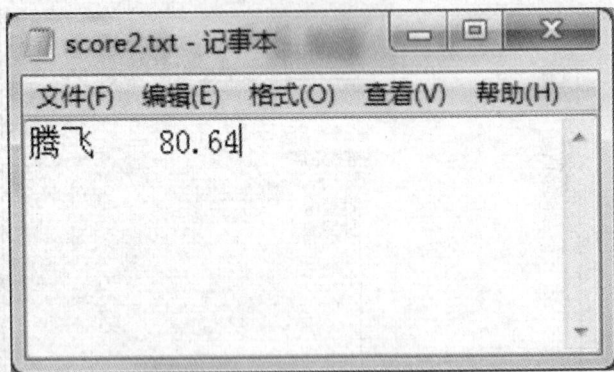

图 4　score2. txt 文件

(3) 按 F5 执行程序,调试程序。

(4) 保存窗体和工程文件。

【12-4】 如图 5 所示,单击"输入成绩"按钮(ComInput),建立学生基本信息和成绩记录文件,以随机存取方式保存到"score. txt"文件中;单击"输出成绩"命令按钮(ComOutput),事件过程读取文件"score. txt"中每个记录,并在图片框(Picture1)显示出来;在删除记录文本框(Text1)中输入删除第几条记录,单击"删除"按钮(Comdel),则在图片框(Picture2)中显示删除记录后文件的内容。

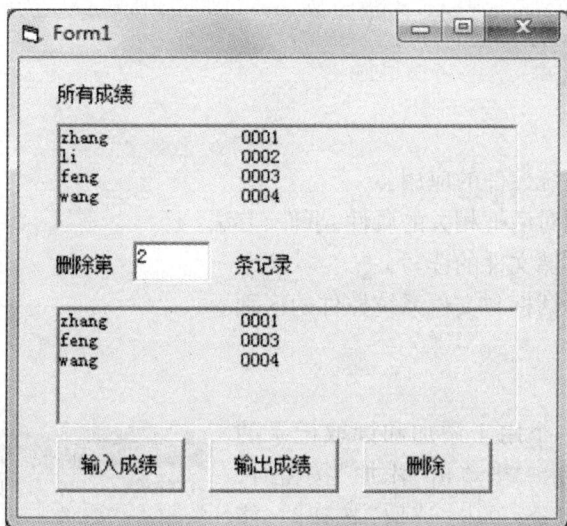

图5 学生信息和成绩

实验步骤：

（1）根据题意设计界面,如图5所示。

（2）设计窗体并设置控件属性。

（3）编写实验代码。

（4）按F5执行程序,调试程序。

（5）保存窗体和工程文件。

【12-5】 编写一个如图6所示的随机文件程序。要求：① 建立一个具有5个学生的学号、姓名和成绩的随机文件（Random.txt）；② 读出Random.txt文件中的内容,然后按成绩排序,最后按顺序写入另一个随机文件（Random1.txt）；③ 再一次读出文件的内容,按文件中的顺序将学生的信息显示在屏幕上。

实验步骤：

（1）根据题意设计界面。

（2）设计窗体并设置控件属性。

（3）编写实验代码。

（4）按F5执行程序,调试程序。

（5）保存窗体和工程文件。

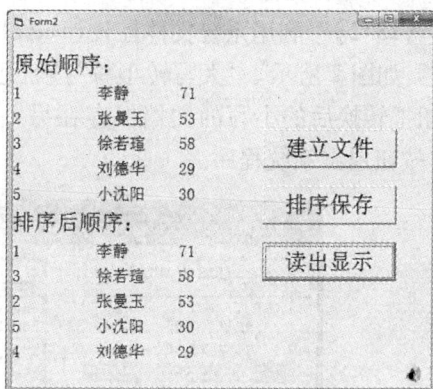

图6 建立文件并排序

实验十三　文件系统控件

【实验目的】

（1）掌握文件系统控件的应用。

（2）掌握与通用对话框相关的属性、事件、方法。

（3）掌握顺序存储文件的读写。

（4）理解通用对话框与文件系统控件的区别。

【实验内容】

【13-1】 建立一个用于添加和读取记录的应用程序，如图 1 所示。当单击"添加"按钮时，能连续地添加学生记录；单击"读取"按钮时，能够读取文件中的任意一条记录，并且当记录号超出范围时报错。

实验步骤：

（1）根据题意设计界面。

（2）设计窗体并设置控件属性。

（3）编写实验代码。

（4）按 F5 执行程序，调试程序。

（5）保存窗体和工程文件。

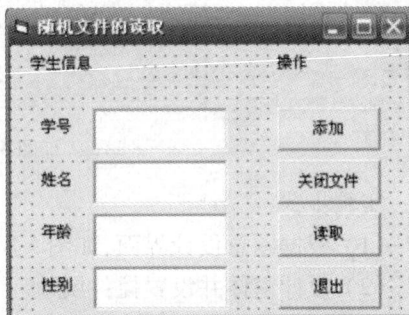

图1　随机文件的读取

【13-2】 利用系统文件控件（Drive1，Dir1，File1）、文本框（Text1），制作一个文件浏览器，如图 2 所示。"大写转小写"按钮把浏览的英文文件所有字符转换成小写；"保存"按钮把转换后的小写的文档保存在另一个文件上；"清空"按钮把 Text1 内容清除；"退出"按钮退出系统程序。

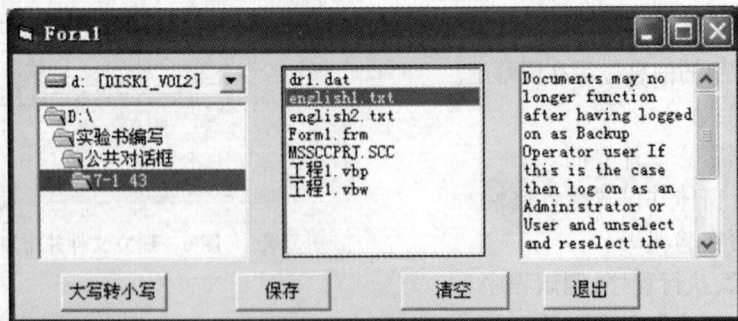

图2　文件控件示例

实验步骤：

（1）根据题意设计界面。

（2）设计窗体并设置控件属性。

（3）完善实验代码。

```
Private Sub Comclear_Click()
    Text1.Text = ""
End Sub
Private Sub ComExit_Click()
    End
End Sub
Private Sub Comsave_Click(Index As Integer)
    Open App.Path & "\english2.txt" For Output As #1
    Print #1,_____
    Close #1
End Sub
Private Sub ComUL_Click()
    Text1.Text = LCase(Text1.Text)
End Sub
Private Sub Dir1_Change()
    File1.Path = _____
End Sub
Private Sub Drive1_Change()
    Dir1.Path = _____
End Sub
Private Sub File1_Click()
    Dim t As String, Fpath As String
    Text1.Text = ""
    ´判断当前目录是否是根目录,并组合得到包含路径的文件名
    If Right(Dir1.Path, 1) = "\" Then
        Fpath = Dir1.Path & File1.FileName
    Else
        Fpath = Dir1.Path & "\" & File1.FileName
    End If
    Open Fpath For Input As #1          ´打开文件
    Do While  _____
     Line Input #1, t
     Text1.Text = Text1.Text + t + vbCrLf
     Loop
     Close #1                               ´关闭文件
End Sub
```

（4）按 F5 执行程序,调试程序。

（5）保存窗体和工程文件。

【13-3】 利用通用对话框部件完成文件的打开、保存,参考界面如图 3 所示。要求单击"打开文件"按钮则弹出"打开"通用对话框,默认目录为所保存文件目录,默认文件类型为"文本文件",选中目录下的相应文件,把文件中的内容读入并显示在文本框(Text1)中;单击"排序"按钮,则将数据按冒泡排序法进行升序排列;单击"保存"按钮,则弹出"另存为"对话框,要求默认文件类型为"文本文件",默认保存文件为"maopao.txt"。

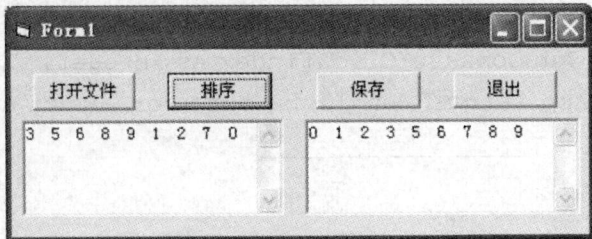

图 3 通用对话框示例

实验提示:通用对话框不是 VB 系统的标准控件,它是 ActiveX 控件,使用时需要添加到工具箱中。具体方法如下:

(1) 用鼠标右单击工具箱的任何位置,在弹出的快捷菜单中选择"部件"选项;或者打开"工程"菜单,选择"部件"菜单命令。

(2) 在弹出的对话框控件列表中选择 Microsoft Common Dialog Control 6.0 项目(在项目前的方框上单击选中),如图 4 所示,通用对话框控件的图标就被添加到 VB 的控件工具箱中。

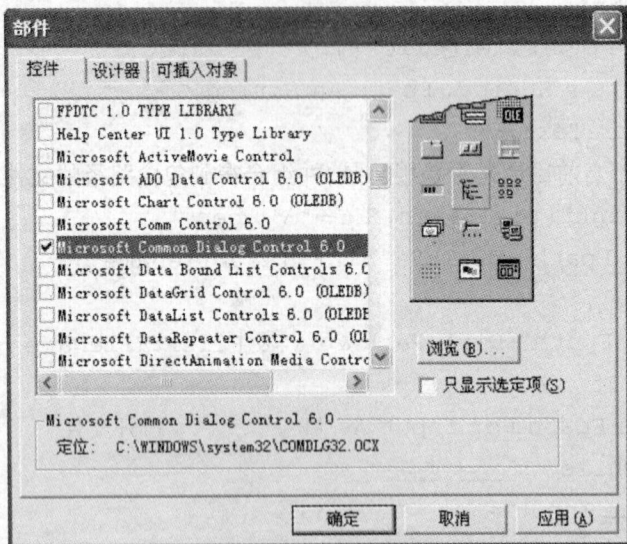

图 4 "部件"选项

实验步骤:

(1) 根据题意设计界面。

(2) 设计窗体并设置控件属性。

(3) 完善实验代码。本例排序采用冒泡排序算法,读者可以尝试采用其他算法完成程序。

```
Option Base 1
Dim Arr( ) As Integer, num As Integer
Private Sub ComOpen_Click( )
    Dim i As Integer
    '打开文件之间,应先关闭文件
    Close #1
    '设置过滤器,只显示文本文件
    _____ = "所有文件( * . * ) | * . * |文本 _
    文件( .txt ) | * .txt |VB 程序( .VBP ) | * .VBP "
    '显示"打开"对话框或使用 CommonDialog1 .ShowOpen
    CommonDialog1 .Action =1
      If CommonDialog1 .FileName <> " " Then
          Text1 .Text = " "
          Open CommonDialog1 .FileName For Input As #1
          '读入文件
          Do While Not EOF(1)
              i = i +1
              ReDim Preserve Arr( i )
              Input #1 , _____
              Text1 .Text = Text1 .Text & Arr( i ) & Space(2)
          Loop
              num = i
      End If
    Close #1
End Sub
Private Sub ComSave_Click( )
    CommonDialog1 .Filter = "文本文件 | * .txt |所有文件 | * . * "
    CommonDialog1 .FilterIndex = _____
    CommonDialog1 .FileName = "冒泡排序.txt "
                        '设置默认文件名
    CommonDialog1 .InitDir = App .Path
    CommonDialog1 .Action =2
                        '显示"另存为"( Save As )对话框
    Open CommonDialog1 .FileName For Output As #1
    Print #1 , Text2          '把修改后的 Text1 文本框内容写到文件中
    Close #1
End Sub
Private Sub Commao_Click( )
  Text2 .Text = " "
```

```
        Dim t As Integer
        ´冒泡排序
        For i = 1 To num
          For j = i + 1 To num
            If _____ Then
                t = Arr(i)
                Arr(i) = Arr(j)
                Arr(j) = t
            End If
          Next j
        Next i
          For i = 1 To num
            ext2 = Text2 & Arr(i) & Space(2)
          Next
      End Sub
      Private Sub ComExit_Click()
        End
      End Sub
```

(4) 按 F5 执行程序,调试程序。

(5) 保存窗体和工程文件。

【13-4】 建立如图 5 所示的文件操作窗口,将选中的文件复制到目标文件夹。在源文件夹部分实现文件的查询;在目标文件夹部分实现文件的查询、删除,并支持新建文件夹。

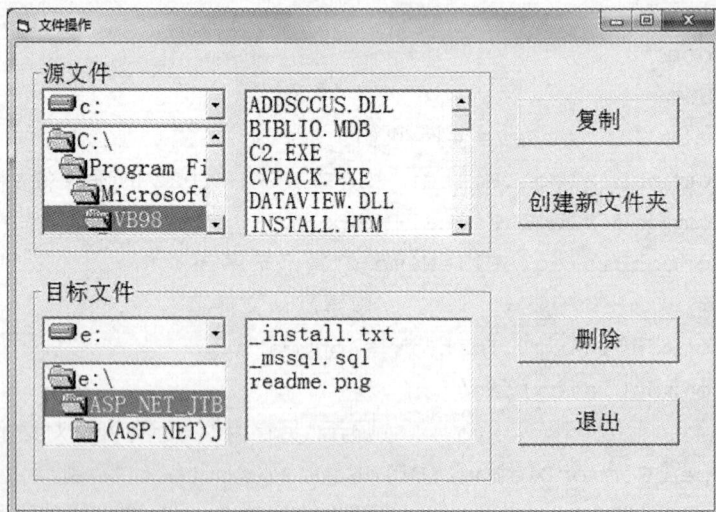

图 5　文件复制程序界面

实验步骤:

(1) 根据题意设计界面。

(2) 设计窗体并设置控件属性。

（3）编写实验代码。

（4）按 F5 执行程序，调试程序。

（5）保存窗体和工程文件。

【13-5】 使用文件系统的 3 个标准控件来显示任何目录下的文件，同时提供后缀类型的选择，如"＊.txt"，"＊.doc"，"＊.xls"和"＊.ppt"类型，并支持多选。

实验步骤：

（1）根据题意设计界面，如图 6 所示。

（2）设计窗体并设置控件属性。

（3）编写实验代码。

（4）按 F5 执行程序，调试程序。

（5）保存窗体和工程文件。

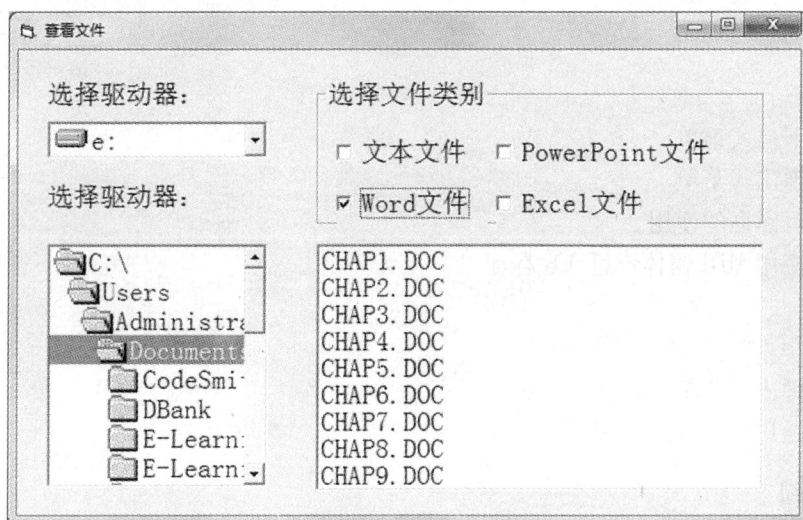

图 6 程序界面

第10章
菜单、对话框及 MDI 设计

在 VB 应用程序中,用户界面设计是必需的,界面设计一般包括通用对话框、多文档界面等。

【重点】

(1) 下拉式菜单。

(2) 弹出式菜单。

(3) 对话框的使用。

(4) 应用 MDI 窗体设计 VB 程序。

【难点】

(1) 弹出式菜单的设计。

(2) 通用对话框的使用。

【知识讲解】

1. 菜单概述

Windows 中的菜单一般由菜单条、菜单、菜单项、子菜单、弹出式菜单组成。

2. 普通菜单的设计

(1) 菜单命名

菜单标题和菜单命令也有 Caption 和 Name 属性,设置了这两个属性就等于创建了菜单。Name 是一个抽象名称,Caption 是屏幕上可见的,可在 Caption 里加入"&"来设置热键。

(2) 增加和删除菜单

在 Menu Editor 中部有 3 个命令钮,分别是下一个、插入、删除。"插入"可用来增加新的菜单。在这 3 个键下面的 Caption 列表框里选中菜单项(这时它的底色就变成深蓝色),单击"插入"键,VB 将上一个增亮菜单下推并增亮一空行,此时就可以输入新菜单名和标题了。"删除"键可用来删掉菜单,选中要删掉的菜单,单击 Delete 键就可以删掉它了。

(3) 移动菜单标题

有四种情况:向上移动,向下移动,向左缩排,向右缩排。选中某一菜单标题,按上下箭头,则这个菜单将上下移动到所需要的位置,这也决定了它在界面中的位置。如果按左右箭头,情况则有所不同。由于菜单是分级的,所以如果它没有缩排,则它是一个菜单标题;如果它缩排一次,那么它将变成一个菜单命令;如果缩排两次,那么它将成为一个子菜单命令。VB 里可以总共设计四层子菜单。

（4）设置分离条

分离条是指在菜单中将命令分组的线,VB 将分离条也看成一个菜单项,它也具有 Caption 和 Name 属性。分离条与菜单项的区别是分离条的 Caption 属性必须是连字号（即减号）。也就是说,当设置了一个 Caption 属性为"－"的菜单项时,实际上就设置了一个分离条,分离条的名字可以是 barFile1 之类,以表明分离条的位置。

（5）菜单的各种简单属性

在菜单编辑器里有许多确认框和一些文本框及一个下拉式的列表框,这些决定了菜单的各种属性。

① Checked 复选属性

这个属性值设置为真,将在菜单命令左边产生一个打勾的确认标志。

② Enabled 有效属性

各种各样的用户会产生千奇百怪的操作,在许多 Edit 菜单里都会有不同形式的让菜单命令模糊的情况。若 Enabled 属性为 Ture,则菜单命令是清晰的;若 Enabled 属性为 False,则菜单命令是模糊的,这时用户不能选中该菜单项。

③ Visible 可见属性

对暂时不用的菜单,如果把 Visible 属性设为 False,则菜单根本不会出现在屏幕上。这样做比将 Enabled 属性设为 False 显得更加直接。

④ Index 属性

可以生成菜单命令数组,用索引号区分开。例如向 File 菜单中添加一系列最近打开的文件名,添加菜单可用 Load 方法。以上属性可以在运行时设置,形成动态的菜单的情况。

例如:

```
mnuUndo.Enabled = False
mnuProperty.Visible = False
```

还可以改变 Caption 等属性:

```
mnuUndo.Caption = "Redo"
```

3. 生成弹出式菜单（或浮动菜单）

几乎每个 Windows 应用程序都提供弹出式菜单,用户可以右键单击窗体或控件取得这个菜单。弹出式菜单也属于普通菜单,只是不固定在窗体上,而是可以在任何地方显示。

弹出式菜单用 PopupMenu 方法调用。假设已经用菜单编辑器生成了名为 mnuedit 的菜单,则可以在 MouseUp 事件加入如下代码就可以生成弹出式菜单:

```
If Button = 2 Then PopupMenu mnuedit
```

4. 通用对话框的使用

Windows 应用程序里的 Open 对话框,Save As 对话框在各个应用程序里看起来都是一样的,通用对话框控件就可以提供这些对话框的标准功能。

（1）Open 对话框及 Save As 对话框

打开 Open 对话框使用 ShowOpen 方法，打开 Save As 对话框使用 ShowSave 方法。

```
Private Sub mnuOpen_Click ()
    On Error GoTo ErrorHandler
    CommonDialog1.CancelError = True
    CommonDialog1.Filter = "Text Files( * .txt)|* .txt |Batch _
        Files ( * .bat)|* .bat |All Files ( * .* )|* .* "
    CommonDialog1.ShowOpen        ´显示打开对话框
    Call OpenFile(CommonDialog1.FileName)
    ErrorHandler:
Exit Sub
```

其中，第 3 行决定了在文件格式类型栏里出现的文件类型；第 4 行需要一个自己的打开文件的过程，这个过程需要的参数就是通用对话框返回的文件名。若通用对话框的 CancelError 属性设为 True，用户单击 Cancel 按钮将产生一个错误信息程序，凭借这个信息程序可以检测到用户的放弃操作。

（2）Color 对话框

将用户选择的颜色作为窗体的底色：

```
Private Sub mnuColor_Click ()
    On Error GoTo CancelButton
    CommonDialog1.CancelError = True
    CommonDialog1.ShowColor
    Form1.BackColor = CommonDialog1.Color
    CancelButton:
Exit Sub
```

（3）Fonts 对话框

用字体对话框改变文本框的字体：

```
Private Sub mnuFonts_Click ()
    On Error GoTo CancelButton
    CommonDialog1.CancelError = True
    CommonDialog1.Flags = cdlCFBoth
        ´Flags property must be set to cdlCFBoth
    CommonDialog1.ShowFont    ´Display Font common dialog box
    Text1.FontName = CommonDialog1.FontName
    Text1.FontSize = CommonDialog1.FontSize
    Text1.FontBold = CommonDialog1.FontBold
    Text1.FontItalic = CommonDialog1.FontItalic
    Text1.FontUnderline = CommonDialog1.FontUnderline
    Text1.FontStrikethru = CommonDialog1.FontStrikethru
    Text1.ForeColor = CommonDialog1.Color
```

```
        CancelButton:
    Exit Sub
```

代码的第 3 行出现了通用对话框的 Flags 属性决定了通用对话框的一些可选项,不过即使不赋值给 Flags,代码也一样会按缺省的情况去执行。

5. 多文档(MDI)界面

Windows 应用程序的用户界面主要分为两种形式:单文档界面(Single Document Interface,SDI)和多文档界面(Multiple Document Interface,MDI)。单文档界面并不是指只有一个窗体的界面,而是指应用程序的各窗体是相互独立的,它们在屏幕上独立显示、移动、最小化或最大化,与其他窗体无关。

多文档界面由多个窗体组成,但这些窗体不是独立的。其中有一个窗体称为 MDI 父窗体(简称为 MDI 窗体),其他窗体称为 MDI 子窗体(简称为子窗体)。子窗体的活动范围限制在 MDI 窗体中,不能将其移动到 MDI 窗体之外。由此可见,多文档界面与简单的多重窗体界面是不同的,后者实际是单文档界面。

(1) 要创建 MDI 界面,首先需要为应用程序创建一个 MDI 窗体。单击"工程"菜单,执行其中的"添加 MDI 窗体"命令,弹出"添加 MDI 窗体"对话框,在"新建"选项卡中选中"MDI 窗体",单击"打开"按钮即可在当前工程中创建一个 MDI 窗体。与普通的窗体相比,MDI 窗体具有以下特点:在外观上 MID 窗体的背景看起来更黑一些,并且有一个边框。

(2) MDI 窗体还有两个特有的属性: AutoShowChildren 属性和 ScrollBars 属性。AutoShowChildren属性决定在加载子窗体时,是否自动显示它们。如果 AutoShowChildren 属性的值为 True(默认值),子窗体一载入就显示出来。这就是说,Load 语句和 Show 方法的作用是相同的。ScrollBars 属性决定 MDI 窗体在必要时是否显示滚动条。当该属性的值为 True(默认值)时,如果一个或多个子窗体延伸到 MDI 窗体之外,MDI 窗体上就会出现滚动条。

(3) 子窗体的创建很容易。对于普通的窗体,只要将其 MDIChild 属性设置为 True 即可将其设置成为一个子窗体。因此,创建子窗体的方法是:首先创建一个普通窗体,然后将它的 MDIChild 属性设置为 True。

(4) MDI 窗体与子窗体创建完成后,接下来的工作是设计窗体与编写代码。在 MDI 窗体上一般只放置菜单栏、工具栏以及任务栏。子窗体的设计则与普通窗体的设计完全相同。但也可以先设计窗体,然后改变 MDIChild 属性。操作顺序不会影响窗体的行为。

实验十四　菜单设计使用

【实验目的】

(1) 掌握下拉式菜单的设计。
(2) 掌握弹出式菜单的设计。

【实验内容】

【14-1】 建立一个窗体菜单,测试快捷键和访问键的功能。在窗体上放置一个文本框,根据菜单中选择的颜色,变换文本框的背景色。

实验步骤:

(1) 建立用户界面。利用"工具"菜单中的"菜单编辑器"菜单项,建立如图 1 所示的菜单。

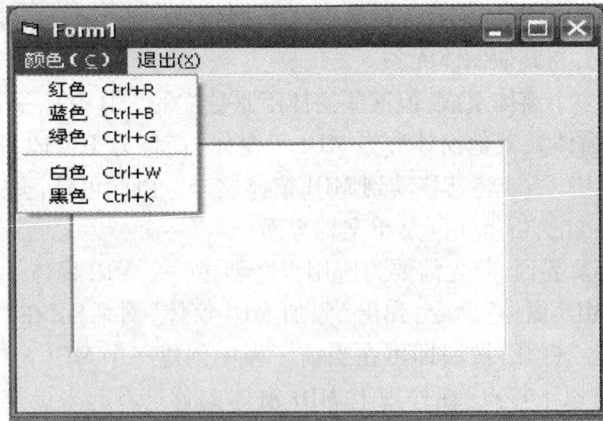

图 1　初始菜单

(2) 属性设置(表 1)。

表 1　菜单设计

标　题	名　称	快捷键
颜色(&C)	mnuColor	
红色	mnuRed	Ctrl + R
蓝色	mnuBlue	Ctrl + B
绿色	mnuGreen	Ctrl + G
—	Line	
白色	mnuWhite	Ctrl + W
黑色	mnuBlack	Ctrl + K
退出(&X)	mnuExit	

(3) 编写事件代码。

```
Private Sub mnuExit_Click()
    End
End Sub
Private Sub mnuBlack_Click()
    Text1.BackColor = RGB(0,0,0)
End Sub
```

```
Private Sub mnuBlue_Click()
    Text1.BackColor = RGB(0,0,255)
End Sub
Private Sub mnuGreen_Click()
    Text1.BackColor = RGB(0,255,0)
End Sub
Private Sub mnuRed_Click()
    Text1.BackColor = RGB(255,0,0)
End Sub
Private Sub mnuWhite_Click()
    Text1.BackColor = RGB(255,255,255)
End Sub
```

（4）运行程序。测试程序的快捷键和访问键，观察运行结果。

【14-2】　在上一个实验的菜单中增加一个菜单项，如表 2 所示。

表 2　新增菜单项

标　题	名　称	可见性
弹出菜单	mnuPop	False
打印星号	mnuPopStar	
打印字母	mnuPopNum	

实验步骤：

（1）将 Text1 的对齐属性 Alignment 设为"2"（居中），多行属性 MultiLine 设为"Ture"，字体 Font 属性设为"小三"。

（2）添加程序代码。

```
Private Sub Form_MouseDown(Button As Integer,Shift _
    As Integer, X As Single, Y As Single)
        If Button = 2 Then Form1.PopupMenu mnuPop,4
End Sub
Private Sub mnuPopNum_Click()
    Text1.Text = ""
    Text1.Text = "1 2 3 4 5 6 7 8 9 0" & Chr(13) & Chr(10) &"0 9 8 7 6 5 4 3 2 1"
End Sub
Private Sub mnuPopStar_Click()
    Text1.Text = ""
    Text1.Text = "*********" & Chr(13) & Chr(10) &"*********"
End Sub
```

（3）运行程序，效果如图2所示。

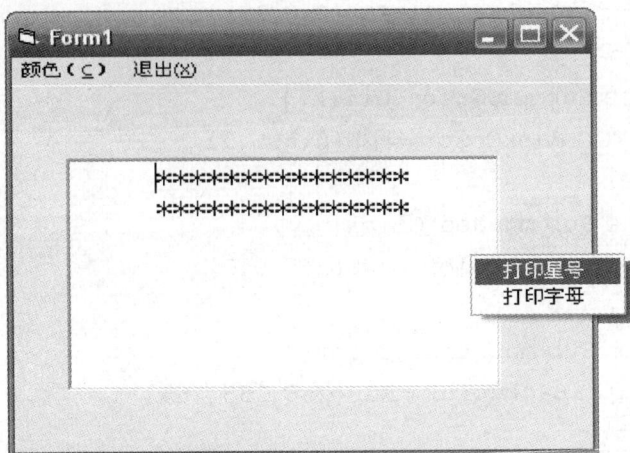

图2 弹出式菜单效果

实验十五 对话框、多文档界面设计使用

【实验目的】

（1）掌握预定义对话框的使用方法。
（2）掌握通用对话框的使用方法。
（3）掌握简单的 MDI 应用程序的设计方法。
（4）了解多文档文本编辑器的设计方法。

【实验内容】

【15-1】 设计一个用于管理学生成绩的对话框，如图1所示。按"输入"按钮，使用预定义对话框 InputBox输入学生人数及每个学生的成绩；使用预定义对话框 MsgBox 输出总分和平均成绩。

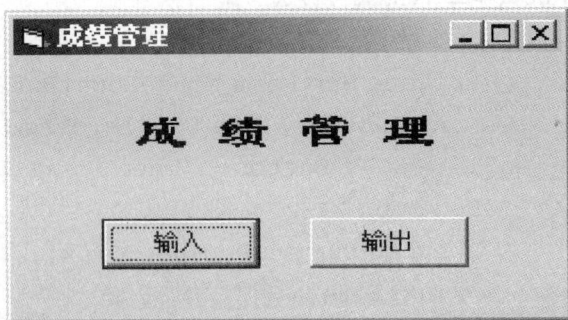

图1 对话框的使用

实验要求：预定义对话框输入和输出数据。

实验步骤：

（1）根据题意设计界面。

（2）编写实验代码。

```
Dim Mark() As Integer, N As Integer
Private Sub Command1_Click()
    N = InputBox("请输入学生人数:")
    ReDim Mark(1 To N) As Integer
```

```
    For i =1 To N
      Mark(i) =Val(InputBox("请输入第" & Str(i) & "个学生的成绩:"))
    Next i
  End Sub
  Private Sub Command2_Click()
    Dim Sum As Integer, Average As Integer
    Sum = 0
    For i =1 To N
      Sum = Sum + Mark(i)
    Next i
      Average = Sum / N
      MsgBox "总分:" & Str(Sum) & vbCrLf & "平均分:" & Str(Average)
  End Sub
```

（3）按 F5 执行程序,调试程序。

（4）保存窗体和工程文件。

【15-2】 使用通用对话框进行属性设置,如图 2 所示。

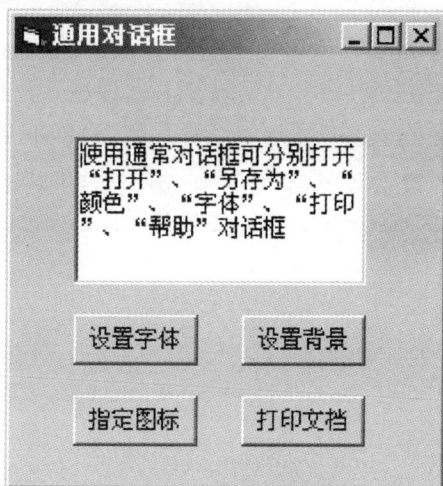

图 2 通用对话框的使用

实验步骤：

（1）菜单:单击"工程|部件",在弹出的对话框中选"Microsoft Common Dialog Control 6.0"。

（2）通用对话框控件没有事件,只有方法和属性,通过方法或 Action 属性值显示标准对话框。通用对话框控件中的每一个标准对话框都有自己的属性,如表 1 所示。

表1 通用对话框属性

方法名称	Action 属性值	作 用
ShowOpen	1	显示打开文件对话框
ShowSave	2	显示保存文件对话框
ShowColor	3	显示颜色设置对话框
ShowFont	4	显示字体设置对话框
ShowPrinter	5	显示打印设置对话框
ShowHelp	6	显示帮助文件对话框

（3）编写实验代码。

```
Private Sub Command1_Click()
    CommonDialog1.CancelError = True
    On Error GoTo Err
    CommonDialog1.ShowFont
    Text1.FontBold = CommonDialog1.FontBold
    Text1.FontItalic = CommonDialog1.FontItalic
    Text1.FontName = CommonDialog1.FontName
    Text1.FontSize = CommonDialog1.FontSize
    Text1.FontStrikethru = CommonDialog1.FontStrikethru
    Text1.FontUnderline = CommonDialog1.FontUnderline
    Text1.ForeColor = CommonDialog1.Color
    Err:
End Sub
Private Sub Command2_Click()
    CommonDialog1.CancelError = True
    On Error GoTo Err
    CommonDialog1.ShowColor
    Form1.BackColor = CommonDialog1.Color
    Err:
End Sub
Private Sub Command3_Click()
    CommonDialog1.CancelError = True
    On Error GoTo Err
    CommonDialog1.Filter = "图标文件|*.ico"
    CommonDialog1.ShowOpen
    Form1.Icon = LoadPicture(CommonDialog1.FileName)
    Err:
End Sub
```

```
Private Sub Command4_Click()
    CommonDialog1.ShowPrinter
    For i =1 To CommonDialog1.Copies
        Print Text1.Text
    Next i
End Sub
```

（4）按 F5 执行程序，调试程序。

（5）保存窗体和工程文件。

【15-3】 简单的 MDI 应用程序的设计。建立一个应用程序，程序中有一个 MDI 窗体，通过 MDI 窗体的"文件"菜单中的"新建文档"菜单项可建立一个文档窗口作为 MDI 窗体的子窗体，在此子窗体可进行文本编辑。通过菜单可建立多个文档窗口，也可进行编辑文档内容、关闭文档等操作，如图 3 所示。

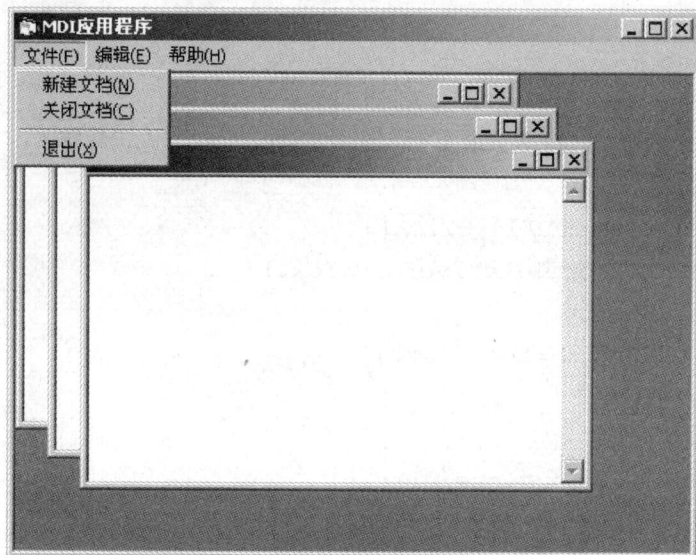

图 3 MDI 窗体

实验步骤：

（1）菜单应建在 MDI 窗体中。

（2）将文档窗体作为对象，在"新建文档"菜单命令中声明一个新的文档窗体类型的变量，对此对象类型的变量进行属性设置，最后将其显示。例如，如果文档窗体的名称为 MyDocu，则下列程序段可实现新建文档功能：

```
Dim NewForm As MyDocu
NewForm.Caption = "我的文档"
NewForm.Show
```

（3）假如父文档的名称为 MDIForm1，则可使用下列语句关闭 MDIForm1 窗体中的活动文档，实现"关闭文档"功能：

```
Unload MDIForm1.ActiveForm
```

(4) 在文档窗体中加入一个文本框。文本框的 Top 属性和 Left 属性均设为 0,在文档窗体的 Resize 事件中加入命令,使文本框的 Height 属性和 Width 属性的值分别等于窗体的 ScaleHeight 属性和 ScaleWidth 属性,这样可以使文档窗体中文本框保持最大。

父窗体 MDIForm1 的程序代码:

```
Dim docucount As Integer
Private Sub LoadNewDocu()
   Dim frmD As New MyDocu
   docucount = docucount +1
   frmD.Caption = "文档" & Str(docucount)
   frmD.Show
End Sub
Private Sub MDIForm_Load()
   docucount =1
End Sub
Private Sub mnuAbout_Click()
    MsgBox "本程序 1.0 版", vbOKOnly, "MDI 应用程序"
End Sub
Private Sub mnuAll_Click()
   With MDIForm1.ActiveForm.Text1
     .SelStart = 0
     .SelLength = Len(.Text)
   End With
End Sub
Private Sub mnuClose_Click()
   Unload MDIForm1.ActiveForm
End Sub
Private Sub mnuCopy_Click()
    Dim strTemp As String
    Clipboard.Clear
    strTemp = MDIForm1.ActiveForm.Text1.SelText
    Clipboard.SetText strTemp
End Sub
Private Sub mnuCut_Click()
    Dim strTemp As String
    Clipboard.Clear
    strTemp = MDIForm1.ActiveForm.Text1.SelText
    Clipboard.SetText strTemp
    MDIForm1.ActiveForm.Text1.SelText = " "
End Sub
```

```
Private Sub mnuExit_Click()
    End
End Sub
Private Sub mnuNew_Click()
   LoadNewDocu
End Sub
Private Sub mnuPaste_Click()
   MDIForm1.ActiveForm.Text1.SelText = Clipboard.GetText
End Sub
```

子窗体的程序代码：

```
Private Sub reHW()
   Text1.Top = 0
   Text1.Left = 0
   Text1.Height = Me.ScaleHeight
   Text1.Width = Me.ScaleWidth
End Sub
Private Sub Form_Activate()
   reHW
End Sub
Private Sub Form_Resize()
   reHW
End Sub
```

第11章

Visual Basic 高级控件

高级控件的使用能够让用户开发设计更为复杂的应用程序。本章主要讲解 VB 自带的高级控件的用法，如 CommonDialog，ToolBar，ImageList，TabStrip，ProgressBar，StatusBar，Slider，ListView，TreeView 等。要求读者掌握这些控件的常用属性、方法及其基本应用。

【重点】

（1）控件的布局。
（2）通用对话框（CommonDialog）控件的应用。
（3）工具栏（ToolBar）的创建。
（4）树视图（TreeView）和列表视图（Listview）的创建。
（5）选项卡（TabStvip）的应用。

【难点】

（1）通用对话框（CommonDialog）控件 ShowOpen 方法的应用。
（2）工具栏按钮图像的设定。
（3）树视图（TreeView）控件 Nodes 属性、Node 对象的理解及节点的添加。
（4）状态栏（StatusBar）控件窗格的添加。
（5）选项卡（TabStvip）的创建与添加。

【知识讲解】

1. 控件布局

（1）调整控件的大小：鼠标拖放、方向键调整、属性设置和"统一尺寸"等。
（2）调整控件的位置：鼠标拖动、方向键调整、属性设置。
（3）设置控件的对齐：左对齐、居中对齐、右对齐、顶端对齐、中间对齐、底端对齐等。
（4）设置控件的间距：水平间距和垂直间距，而间距又可设定为相同、递增、递减及间距的移除等。

2. 通用对话框（CommonDialog）控件

（1）用途
应用程序进行打开和保存文件、设置打印选项、选择字体和颜色、显示帮助等操作。

（2）添加方法

单击"工程|部件"，弹出"部件"对话框，在"控件"选项卡中勾选"Miscrosoft Common Dialog Control 6.0"。

（3）常用方法

ShowOpen 方法：显示 CommonDialog 控件的"打开"对话框。

ShowSave 方法：显示 CommonDialog 控件的"另存为"对话框。

ShowColor 方法：显示 CommonDialog 控件的"颜色"对话框。

ShowFont 方法：显示 CommonDialog 控件的"字体"对话框。

ShowPrinter 方法：显示 CommonDialog 控件的"打印"对话框。

ShowColor 方法：运行 Windows 的帮助引擎，并显示帮助文件。

3. 工具栏（ToolBar）控件

（1）用途

创建工具栏。

（2）添加方法

单击"工程|部件"，弹出"部件"对话框，在"控件"选项卡中勾选"Miscrosoft Windows Common Control 6.0（SP6）"。

（3）常用属性

Align，AllowCustomize，Buttons，ImageList，ShowTips，ToolTipText，Style 等。

（4）创建工具栏

应用 ToolBar 控件创建一空白工具栏，应用 ImageList 控件设定工具栏上按钮的图像。

4. 状态栏（StatusBar）控件

（1）用途

显示应用程序的各种状态数据。

（2）常用属性

Align，ShowTips，SimpleText，Style 等。

（3）状态栏的窗格

状态栏通过多个窗格（最多 16 个）来显示不同类型的信息。每个窗格是一个 Panel 对象（可包含文本和（或）图片），所有 Panel 对象构成 Panels 集合。设置 Panel 属性可以控制每个窗格的样式及显示数据内容。

5. 进程条（ProgressBar）控件

（1）用途

表示一个需要较长时间完成任务的进度。

（2）常用属性

Max，Min，Value，Orientation，Scrolling 等。

6. 树视图（TreeView）控件

（1）用途

显示具有层次关系结构数据（如文件和目录、组织树、索引项等）。

（2）常用属性

CheckBoxes，Indentation，LabelEdit，LineStyle，SingleSel，Style 等。

（3）树视图的节点

树视图控件中的每一项称为一个"节点"（Node），每一个节点可以有一个或多个子节点。每一个节点为一个 Node 对象，所有的节点组成了 Nodes 集合。

7. 列表视图（ListView）控件

（1）用途

以图标和文本的形式列表显示各个项目内容。与 TreeView 控件结合使用，该控件能够给出 TreeView 控件节点的扩展视图。

（2）常用属性

AllowColumnRecorder，Arrange，GridLine，Sorted，SortKey，SortOrder，View 等。

8. 选项卡（TabStrip）控件

（1）用途

在应用程序中为某个窗口或者对话框的相同区域定义多个页面，增加页面容量。

（2）常用属性

ImageList，MultiRow，MultiSelect，Placement，Separators，Style，TabStyle 等。

9. 滑块（Slider）控件

（1）用途

与滚动条控件类似，拖动滑块、用鼠标单击滑块的任意一侧或者使用键盘移动滑块，可增大控件有效显示区。

（2）常用属性

Max，Min，Value，SmallChange，LargeChange，Orientation，TickStyle，SelectRange，SelStart，SelLength 等。

实验十六　高级控件使用

【实验目的】

（1）掌握 CommonDialog 控件的基本应用。
（2）掌握应用 ToolBar 和 ImageList 设计工具栏的基本方法。
（3）掌握树视图（TreeView）和列表视图（ListView）的基本设计方法。
（4）掌握选项卡（TabStrip）控件的基本应用。
（5）熟悉进程条（ProgressBar）、状态栏（StatusBar）和滑块（Slider）等控件的基本应用。

【实验内容】

【16-1】　设计如图 1 所示的移动字幕板，综合应用标签（Label）、命令按钮（CommandButton）、通用对话框（CommonDialog）和定时器（Timer）等控件，实现字幕内容的直接编辑、文件添加、字体设置、颜色设置及滚动显示等功能。

实验要求：

（1）字幕显示于标签控件中。
（2）单击"添加文本"按钮，弹出输入框，可直接输入字幕内容。
（3）单击"文件添加"按钮，弹出"打开"对话框。文件类型中只显示文本文件，选中某文本文件,则程序读取该文本文件内容,并显示在字幕标签内。例如,在 C 盘根目录下有文本文件 content1.txt,如图 2 所示,则选中该文件后字幕内容变为:近日天气干燥,请注意用火安全!

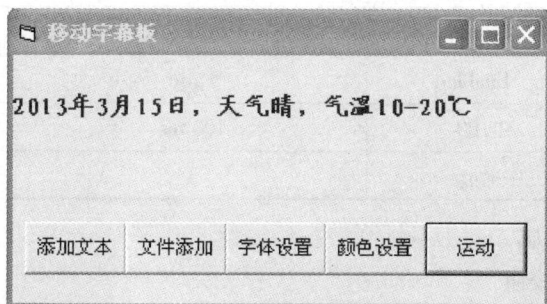

图 1　移动字幕板界面

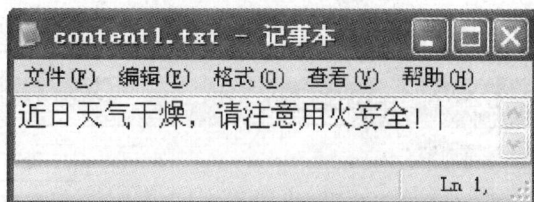

图 2　文本文件

（4）单击"字体设置"按钮,弹出"字体"对话框,用于设置字幕的字体格式、字体大小、字体效果等。

（5）单击"颜色设置"按钮,弹出"颜色"对话框,用于设置字幕的颜色。

（6）单击"运动"按钮,字幕向左滚动,滚动速度为每 100 ms 移动 100 单位,当字幕全部从左边消失后再从窗体右边进入继续向左滚动。字幕滚动时"运动"按钮变为"停止",此时单击该按钮则字幕停止滚动。

实验步骤:

（1）根据题意设计界面。在窗体上画出 1 个标签、5 个命令按钮和 1 个定时器,单击"工程 | 部件",弹出"部件"对话框,在"控件"选项卡中勾选"Miscrosoft Common Dialog Control 6.0",添加通用对话框。

各控件属性设置如表 1。

表 1　控件属性

控　件	属　性	值	说　明
Form1	Caption	移动字幕板	
Label1	Caption	2013 年 3 月 15 日, 天气晴,气温 10–20℃	字幕默认内容
Command1	Caption	添加文本	
Command2	Caption	文件添加	
Command3	Caption	字体设置	

续表

控 件	属 性	值	说 明
Command4	Caption	颜色设置	
Command5	Caption	运动	
	Enabled	False	定时器默认关闭
Interval	100	100 ms	
CommonDialog1	Flags	3	列出可用的字体

（2）编写实验代码。

①"添加文本"按钮

```
Private Sub Command1_Click()
    Label1.Caption = InputBox("请输入字幕内容:", "输入信息")
End Sub
```

单击"添加文本"按钮，弹出"输入信息"对话框，如图3所示。

图3　直接输入字幕内容

②"文件添加"按钮

```
Private Sub Command2_Click()
    Dim FileName As String
    Dim FileContent As String
    CommonDialog1.Filter = "文本文件( * .TXT)|*.TXT"
    CommonDialog1.FileName = ""
    CommonDialog1.ShowOpen
    If Len(CommonDialog1.FileName) = 0 Then
        Exit Sub
    End If
    FileName = CommonDialog1.FileName
    Open FileName For Input As #1
    Input #1, FileContent
    Label1.Caption = FileContent
    Close #1
End Sub
```

单击"文件添加"按钮，弹出"打开"对话框，如图4所示，用户通过该对话框选择要打开的文件。

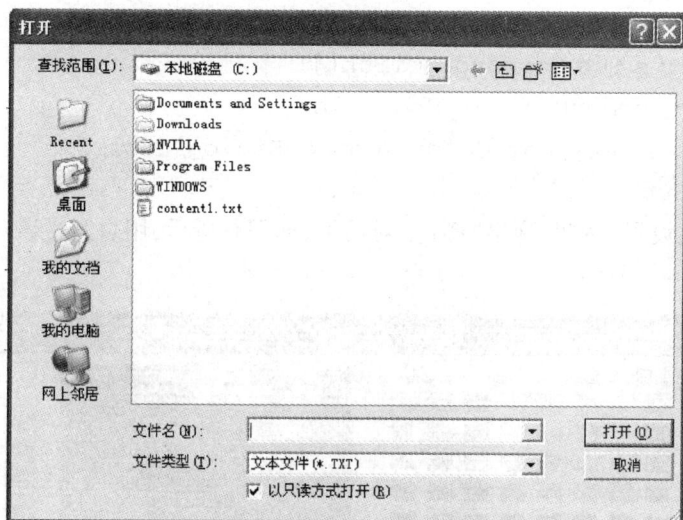

图4　"打开"文件对话框

③ "字体设置"按钮

```
Private Sub Command3_Click()
    CommonDialog1.ShowFont
    Label1.FontName = CommonDialog1.FontName
    Label1.FontBold = CommonDialog1.FontBold
    Label1.FontItalic = CommonDialog1.FontItalic
    Label1.FontSize = CommonDialog1.FontSize
    Label1.FontStrikethru = CommonDialog1.FontStrikethru
    Label1.FontUnderline = CommonDialog1.FontUnderline
End Sub
```

单击"字体设置"按钮,弹出"字体"对话框,如图5所示,用户通过该对话框设置字幕字体的格式。

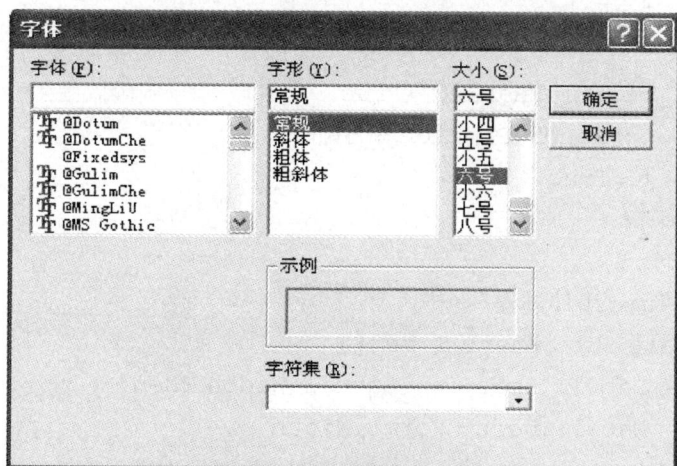

图5　"字体"设置对话框

④ "颜色设置" 按钮

```
Private Sub Command4_Click()
        CommonDialog1.ShowColor
        Label1.ForeColor = CommonDialog1.Color
End Sub
```

单击"颜色设置"按钮,弹出"颜色"对话框,如图 6 所示,用户通过该对话框设置字幕的颜色。

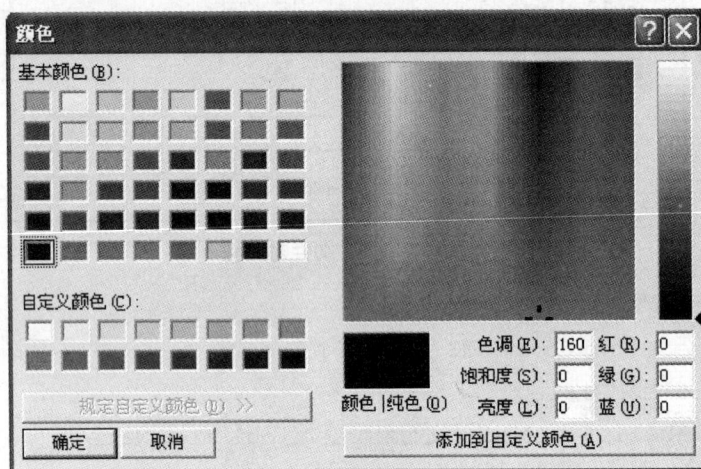

图 6 "颜色"设置对话框

⑤ "运动" 按钮

```
Private Sub Command5_Click()
    Static f As Boolean
    If f Then
        Timer1.Enabled = False
        Command5.Caption = "运动"
        f = False
    Else
        Timer1.Enabled = True
        Command5.Caption = "停止"
        f = True
    End If
End Sub
```

⑥ 定时器 Timer 事件过程

```
Private Sub timer1_Timer()
    If Label1.Left <= -Label1.Width Then
        Label1.Left = Form1.Width
    Else
        Label1.Left = Label1.Left -100
```

```
        End If
    End Sub
```

（3）按 F5 执行程序，调试程序。

（4）保存窗体和工程文件。

【16-2】　在实验 16-1 的基础上，将其中的 5 个控制按钮做成一个工具栏，并实现字幕滚动速度的可调节。

程序分析：工具栏的制作可应用 ToolBar 和 ImageList 控件实现，字幕滚动速度的调节可通过滚动条或滑块控件实现。

实验步骤：

（1）根据题意设计界面。

（2）设计窗体并设置控件属性。

（3）编写实验代码。

（4）按 F5 执行程序，调试程序。

（5）保存窗体和工程文件。

【16-3】　设计如图 7 所示的某大学学院组成树视图。

程序分析：本实验应用 TreeView 控件的 Add 方法在控件的 Nodes 集合中添加一系列 Node 对象。

实验步骤：

（1）根据题意设计界面。单击"工程|部件"，弹出"部件"对话框，在"控件"选项卡中勾选"Miscrosoft Windows Common Control 6.0（SP6）"，将树视图（TreeView）控件添加到窗体上。

（2）编写实验代码。

程序运行后，各学院信息自动展开显示，故 Add 方法编写在窗体的 Load 事件过程中，且将 TreeView 控件 Nodes 集合的 Expanded 属性设置为 True。

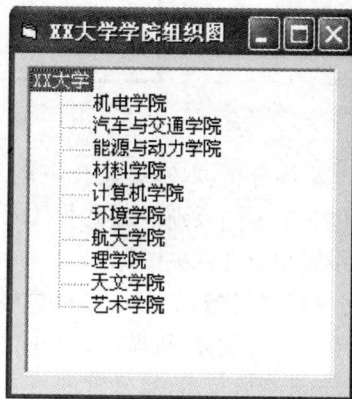

图 7　××大学学院组织图

```
Private Sub Form_Load()
TreeView1.Nodes.Add , , "Father", "××大学"
TreeView1.Nodes.Add "Father", tvwChild, , "机电学院"
TreeView1.Nodes.Add "Father", tvwChild, , "汽车与交通学院"
TreeView1.Nodes.Add "Father", tvwChild, , "能源与动力学院"
TreeView1.Nodes.Add "Father", tvwChild, , "材料学院"
TreeView1.Nodes.Add "Father", tvwChild, , "计算机学院"
TreeView1.Nodes.Add "Father", tvwChild, , "环境学院"
TreeView1.Nodes.Add "Father", tvwChild, , "航天学院"
TreeView1.Nodes.Add "Father", tvwChild, , "理学院"
TreeView1.Nodes.Add "Father", tvwChild, , "天文学院"
TreeView1.Nodes.Add "Father", tvwChild, , "艺术学院"
```

```
For i = 1 To TreeView1.Nodes.Count
    TreeView1.Nodes(i).Expanded = True
Next i
End Sub
```

思考:若要在每个学院文字前显示学院标志的图片,应如何实现?

【16-4】 设计如图 8 所示的××学院考试试卷电子库。

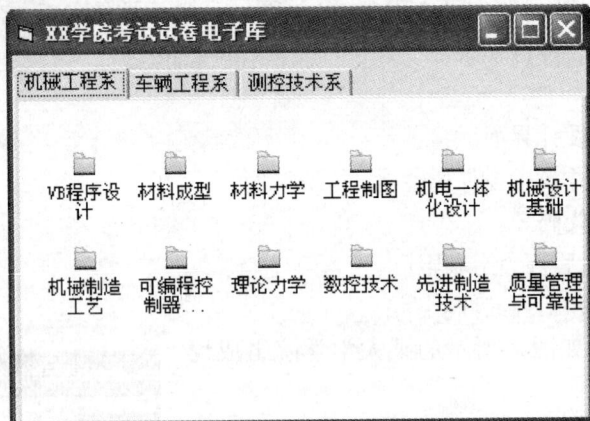

图8 某学院试卷电子库列表图

程序分析:本实验综合应用 TabStrip,ListView 和 ImageList 控件。TabStrip 控件用于提供 3 个不同系别的选项卡,ListView 控件用于各课程试卷的列表显示,ImageList 控件用于设置相应文件夹图标。

(1)"机械工程系"所存试卷课程有:VB 程序设计、材料成型、材料力学、工程制图、机电一体化设计、机械设计基础、机械制造工艺、可编程控制器及应用、理论力学、数控技术、先进制造技术、质量管理与可靠性。

(2)"车辆工程系"所存试卷课程有:VB 程序设计、工程制图、材料力学、理论力学、材料成型、机械设计基础、发动机原理、机械制造工艺、汽车结构设计、汽车质量评估、汽车电子技术、可编程控制器及应用。

(3)"测控技术系"所存试卷课程有:C 语言程序设计、测控电路设计、智能仪器设计、光电检测技术、精密机械设计基础、机电传动控制、机电系统设计、虚拟仪器、数字电路设计、脉冲数字电路、模拟电子技术基础、可编程控制器及应用。

(4)用户单击不同选项卡,窗口中显示相应系别课程试卷列表。

实验步骤:

(1)根据题意设计界面。

① 单击"工程|部件",弹出"部件"对话框,在"控件"选项卡中勾选"Miscrosoft Windows Common Control 6.0(SP6)",将 TabStrip,ListView,ImageList 等控件添加到工具箱。

② 在窗体上绘制 TabStrip 控件,并通过其"属性页"再插入另外两个选项卡。3 个选项卡的标题分别设为"机械工程系"、"车辆工程系"和"测控技术系"。

③ TabStrip 控件不能作为其他控件的容器,故在窗体上分别绘制 3 个 PictureBox 控件,分别用于 3 个 ListView 控件的容器,注意所绘制的 3 个 PictureBox 必须均独立位于窗体上。

④ 在 3 个 PictureBox 控件内分别绘制 ListView 控件，ListView 控件用于显示相应选项卡中的列表内容。

⑤ 绘制 ImageList 控件。

上述各控件的属性设置见表 2。

表 2　控件的属性

控　件	属　性	值	说　明
Form1	Caption	××学院考试试卷电子库	
Picture1	Appearance	0	图片框平面样式
Picture2			
Picture3			
Picture1	BorderStyle	0	图片框无边框
Picture2			
Picture3			
ListView1	Appearance	0	列表视图平面样式
ListView2			
ListView3			
ListView1	BorderStyle	0	列表视图无边框
ListView2			
ListView3			
ListView1	Sorted	True	列表自动排序
ListView2			
ListView3			

说明：ListView 控件、PictureBox 控件的大小与位置通过代码进行设定，在此不进行设置。

（2）编写实验代码。

程序运行后，相关系的课程试卷文件夹应自动添加到 ListView 控件中，故在窗体的 Load 事件过程需编写 ListView 控件的 ListItems 集合的 Add 方法，并将 PictureBox 控件的大小与 TabStrip 控件相匹配，ListView 控件的大小和 PictureBox 控件相匹配。

① 设置 PictureBox 控件的大小与位置（与 TabStrip 控件相匹配）。

```
Picture1.Move TabStrip1.ClientLeft, TabStrip1.ClientTop, _
    TabStrip1.ClientWidth, TabStrip1.ClientHeight
Picture2.Move TabStrip1.ClientLeft, TabStrip1.ClientTop, _
    TabStrip1.ClientWidth, TabStrip1.ClientHeight
Picture3.Move TabStrip1.ClientLeft, TabStrip1.ClientTop, _
    TabStrip1.ClientWidth, TabStrip1.ClientHeight
```

② 设置 ListView 控件的大小与位置(与 PictureBox 控件相匹配)。

```
ListView1.Move Picture1.Left, Picture1.Top, Picture1.Width, _
  Picture1.Height
ListView2.Move Picture2.Left, Picture2.Top, Picture2.Width, _
  Picture2.Height
ListView3.Move Picture3.Left, Picture3.Top, Picture3.Width, _
  Picture3.Height
```

③ 通过 ImageList 动态添加文件夹图标(假设文件夹图标文件 Folder.bmp 位于 C 盘根目录下),图标文件索引 Index 设为 1,方便 ListView 控件的引用。

```
ImageList1.ListImages.Add 1, , LoadPicture("c:\Folder.bmp")
```

④ 给 ListView1 控件添加 ListItems 集合。

```
ListView1.ListItems.Add , , "VB 程序设计", 1
ListView1.ListItems.Add , , "工程制图", 1
ListView1.ListItems.Add , , "材料力学", 1
ListView1.ListItems.Add , , "理论力学", 1
ListView1.ListItems.Add , , "材料成型", 1
ListView1.ListItems.Add , , "机械设计基础", 1
ListView1.ListItems.Add , , "数控技术", 1
ListView1.ListItems.Add , , "机械制造工艺", 1
ListView1.ListItems.Add , , "先进制造技术", 1
ListView1.ListItems.Add , , "质量管理与可靠性", 1
ListView1.ListItems.Add , , "机电一体化设计", 1
ListView1.ListItems.Add , , "可编程控制器及应用", 1
```

⑤ 给 ListView2 控件添加 ListItems 集合。

```
ListView2.ListItems.Add , , "VB 程序设计", 1
ListView2.ListItems.Add , , "工程制图", 1
ListView2.ListItems.Add , , "材料力学", 1
ListView2.ListItems.Add , , "理论力学", 1
ListView2.ListItems.Add , , "材料成型", 1
ListView2.ListItems.Add , , "机械设计基础", 1
ListView2.ListItems.Add , , "发动机原理", 1
ListView2.ListItems.Add , , "机械制造工艺", 1
ListView2.ListItems.Add , , "汽车结构设计", 1
ListView2.ListItems.Add , , "汽车质量评估", 1
ListView2.ListItems.Add , , "汽车电子技术", 1
ListView2.ListItems.Add , , "可编程控制器及应用", 1
```

⑥ 给 ListView3 控件添加 ListItems 集合。

```
ListView3.ListItems.Add , , "C 语言程序设计", 1
ListView3.ListItems.Add , , "测控电路设计", 1
```

```
ListView3.ListItems.Add ,, "智能仪器设计",1
ListView3.ListItems.Add ,, "光电检测技术",1
ListView3.ListItems.Add ,, "精密机械设计基础",1
ListView3.ListItems.Add ,, "机电传动控制",1
ListView3.ListItems.Add ,, "机电系统设计",1
ListView3.ListItems.Add ,, "虚拟仪器",1
ListView3.ListItems.Add ,, "数字电路设计",1
ListView3.ListItems.Add ,, "脉冲数字电路",1
ListView3.ListItems.Add ,, "模拟电子技术基础",1
ListView3.ListItems.Add ,, "可编程控制器及应用",1
```

⑦ 程序启动后,默认显示第一个选项卡即"机械工程系"下列表(ListView1)内容,将 Picture1 设定为可见,Picture2 和 Picture3 设为不可见。

```
Picture1.Visible = True
Picture2.Visible = False
Picture3.Visible = False
```

选项卡 TabStrip1 的 Click 事件过程:

单击不同选项卡时,可将相应的 PictureBox 控件设为可见(其他 PictureBox 控件不可见),来实现相应列表(ListView1)内容的显示。实现代码为:

```
Private Sub TabStrip1_Click()
  Select Case TabStrip1.SelectedItem.Caption
  Case "机械工程系"
    Picture1.Visible = True
    Picture2.Visible = False
    Picture3.Visible = False
  Case "车辆工程系"
    Picture1.Visible = False
    Picture2.Visible = True
    Picture3.Visible = False
  ListView2.Visible = True
  Case "测控技术系"
    Picture1.Visible = False
    Picture2.Visible = False
    Picture3.Visible = True
  End Select
End Sub
```

思考:若双击某课程文件夹能进一步显示该课程历年试卷文件,请思考如何实现。

第12章

程序调试与错误处理

本章主要介绍 VB 的程序调试技术,其中包括 VB 编程过程中常见错误类型的产生和表现,以及利用 VB 提供的调试工具和语句对程序错误进行捕获、处理和修改的方法。VB 为广大用户提供了功能强大的程序调试工具,使用户能够迅速排除编程中出现的问题。

【重点】

(1) 编辑时错误、编译时错误、运行时错误和逻辑错误概念。
(2) 设计模式、运行模式和中断模式概念。
(3) 利用立即窗口、本地窗口、监视窗口的程序调试方法。

【难点】

(1) 逻辑错误发现。
(2) 断点设置与逐句跟踪检查。

【知识讲解】

1. 逻辑错误发现

通常的逻辑错误不会产生提示信息,故错误较难发现和排除,要排除这些错误需要仔细地阅读分析程序,否则可能会出现意想不到的灾难。以下是常出现逻辑错误的地方。

(1) 不同数据类型之间的数据赋值问题

VB 中的数据类型简单说有数值型、字符型、日期型、逻辑型(Boolean)、变体型、对象型等,而数值型数据再分细为整型、长整型、单精度、双精度、货币等。数值型数据在不同数据类型的数据之间进行运算时会自动转换,VB 规定运算结果的数据采用精度高的数据类型,即

　　　　　Integer < Long < Single < Double < Currency

但当 Long 数据与 Single 数据进行数据运算时,结果为 Double 型数据。这样的数据类型转换不会带来逻辑错误,容易产生错误的是日期型、逻辑型与其他类型相互转换,特别是变体类型的数据自动转化为数值型数据时。

例如：

```
Dim a, b as Integer, c as Integer
a = b = c = 1
Print a, b, c
```

程序执行后的显示的结果是：False 0 0。

在赋值语句"a = b = c = 1"中，从左边起，第一个"="是赋值号，后两个"="是关系运算符，由于在 VB 中的关系运算符"="是右结合的（这一点与 C 语言不同），所以该句的功能是首先判断 b 和 c 是否相等。由于 b，c 的初始值都是 0，所以比较出来的结果是 True；然后把 True 值转化为数值 -1，再与数值 1 进行比较，最后的比较结果是逻辑值 False 并将其赋值给 a，本例 a 的值是 False。一定要注意该句绝不是同时给 a，b，c 赋值为 1，这是与 C 语言的区别。

例如：

```
Dim a As Integer, b As Integer, c As Integer
a = b = c = 1
Print a, b, c
```

程序执行后的显示结果是：0 0 0。

与实验 12-1 类似，最后把比较判断后的逻辑值 False 转化为数值型的数 0 后赋值给 a，所以本例 a 的值是 0。

例如：

```
Dim a, b, c
a = b = c = 1
Print a, b, c
```

程序执行后的显示结果是：False。

这是因为在该例中，a，b，c 都是变体变量，而变体变量的值初始化为 Empty，在使用时，可把变体变量设置为字符串、数值、对象或关键字 Empty 和 Null。Empty 表示变体变量中一个有意义的数据，把它当数值使用时表示 0，当做字符串使用时表示空字符串；而 Null 表示变体变量中含有一个无效数据。如果把上一个例子中的"a = b = c = 1"换成"a = b = c"，其运行结果 a 的值是 True，且 b，c 不变。

从上面 3 个例子看出，由于不同的数据类型在 VB 中可以自动转换，所以才会产生上面的情况，因此在编程时一定要注意声明变量的类型，并且在程序中不要出现类似上面 3 个例子中的赋值语句。

为了防止再出现类似的错误，下面的数据类型自动转换的例子供读者自行练习。

```
Dim v, b As Boolean
Dim d As Date, dd As Double
Dim i As Integer, j As Integer
v = "False"
b = v: i = b
Print "V = : "; v, "B = V: "; b, "I = B: "; i
v = "8 /20 /2003 12 : 29 : 36"
```

```
d = v: dd = d
Print "V = : "; v, "D = V: "; d, "DD = D: "; dd
v = " -3.14 "
b = v: d = v
dd = v: i = b: j = v
Print"V = : "; v, "B = V: "; b, "D = V: "; d,"DD = V: "; dd
Print"I = B: "; ,i "J = V: "; j
d = Now( )
Print"d = "; d, "d +5:"; d +5, "d *5:"; d * 5
d = d +5
Print"d = "; d
```

（2）逻辑运算问题

VB 有逻辑类型的数据,逻辑运算的"与"(and)运算、"或"(or)运算不仅能对逻辑量进行运算,也能对数值型的量进行逻辑运算。如前所述,由于逻辑值可以与数值进行相互转换,如果按 VB 的约定,"与"(and)运算的规则是"真 and 真 = 真",其他都是假,或(or)运算的规则是"假 or 假 = 假",其他都是真。在 VB 中对逻辑量运算没有问题,而对数值量就不同了。

例如:

```
Dim b as Boolean
a = 5
For i = 1 to 10
 b = a and i
  if b = false then Print i
Next i
```

这样就能方便计算出 5 与 2,8,10 进行"与"(and)运算的结果都是假,这是因为在对数值型数据进行逻辑运算时,它是按位进行"与"(and)运算和"或"(or)运算的,如果操作数是负数,在进行逻辑运算时还要把它转变成相应的补码再进行运算,以致造成 -8,-6 与 5 进行逻辑"与"(and)运算后的结果也是假。实际上对两个数值进行"与"(and)和"或"(or)运算的结果还是数值,如果再套用成逻辑值就会发生逻辑运算错误。

由于在 VB 中存在上述逻辑问题,在编程时进行逻辑运算一定要注意对两个逻辑量进行运算。

（3）多分支控制结构中的逻辑问题

在结构化程序设计过程中,多分支结构和 VB 中的选择语句如果使用不当容易产生逻辑问题。例如,若已知百分制成绩 mark,要求显示对应的五级制成绩:

```
If mark >=60 Then
      Print "及格"
ElseIf mark >=70 Then
      Print "中"
ElseIf mark >=80 Then
```

```
        Print "良"
    ElseIf mark >=90 Then
        Print "优"
    Else
        Print "不及格"
```

End If 这个例子在语法上没有错误,无论是多分支结构还是选择语句,当它们满足其中一个条件时,就不再判断是否还满足其他条件,所以不管成绩是 75 分还是 95 分,输出的结果都是及格,因此结果是错误的。这种错误隐蔽得较深,所以编程时要格外注意,用一切可能的数据进行测试。

2. 可捕获的错误代码列表

可捕获的错误代码如表 12.1 所示。

表 12.1　错误代码表

代码	错误内容	代码	错误内容	代码	错误内容
3	无 GoSub 返回	5	无效的过程调用或参数	6	溢出
7	内存溢出	9	下标越界	10	该数组被固定或暂时锁定
11	除数为零	13	类型不匹配	14	溢出串空间
16	表达式太复杂	17	不能执行所需的操作	18	出现用户中断
20	无错误恢复	28	溢出堆栈空间	35	子过程或函数未定义
47	DLL 应用程序客户太多	48	加载 DLL 错误	49	DLL 调用约定错误
51	内部错误	52	文件名或文件号错误	53	文件未找到
54	文件模式错误	55	文件已打开	57	设备 I/O 错误
58	文件已存在	59	记录长度错误	61	磁盘已满
62	输入超出文件尾	63	记录号错误	67	文件太多
68	设备不可用	70	拒绝的权限	71	磁盘未准备好
74	不能更名为不同的驱动器	75	路径/文件访问错误	76	路径未找到
91	对象变量或 With 块变量未设置	92	For 循环未初始化	93	无效的模式串
94	无效使用 Null	96	由于对象已经激活了事件接收器支持的最大数目的事件,不能吸收对象的事件	97	不能调用对象的友元函数,该对象不是所定义类的一个实例
98	属性或方法调用不能包括对私有对象的引用,不论是作为参数还是作为返回值	321	无效文件格式	322	不能创建必要的临时文件
325	资源文件中格式无效	380	无效属性值	381	无效的属性数组索引
382	运行时不支持 Set	383	(只读属性)不支持 Set	385	需要属性数组索引
387	Set 不允许	393	运行时不支持 Get	394	(只写属性)不支持 Get

续表

代码	错误内容	代码	错误内容	代码	错误内容
422	属性没有找到	423	属性或方法未找到	424	要求对象
429	ActiveX 部件不能创建对象	430	类不支持自动化或不支持期待的接口	432	自动化操作时文件名或类名未找到
438	对象不支持该属性或方法	440	自动化错误	442	远程进程到类型库或对象库的连接丢失,按下对话框的"确定"按钮取消引用
443	自动化对象无缺省值	445	对象不支持该动作	446	对象不支持命名参数
447	对象不支持当前的本地设置	448	未找到命名参数	449	参数不可选
450	错误的参数号或无效的属性赋值	451	property-let 过程未定义,property-get 过程未返回对象	452	无效的序号
453	指定的 DLL 函数未找到	454	代码资源未找到	455	代码资源锁定错误
457	该关键字已经与该集合的一个元素相关联	458	变量使用了一个 VB 不支持的自动化类型	459	对象或类不支持的事件集
460	无效的剪贴板格式	461	方法和数据成员未找到	462	远程服务器不存在或不可用
463	类未在本地机器上注册	481	无效的图片	482	打印机错误
735	不能将文件保存到 TEMP	744	要搜索的文本没有找到	746	替换文本太长
42788	应用程序定义或对象定义错误				

3. VB 调试技巧

方法一:利用"MSDN 帮助菜单"

"MSDN 帮助菜单"是一个很好的自学工具,对于出现调试对话框的菜单来说,可以按下"帮助"按钮查看错误原因。

对于一些不太理解的函数格式、保留字的作用,用户也可以借助"帮助菜单"进行学习。

方法二:逐过程检查

主要检查代码是否写对,位置有没有错误,关键是要确定一段代码是在哪个事件控制下执行的。

不妨先在脑海中把整个程序过一遍,想一想究竟会有哪些事件发生(有些事件是人机互动的,例如鼠标点击,而有些是机器自己执行的,这时要想到计时器的作用);然后想一想每一件事发生后有什么效果。代码所编写的一般就是事件发生后要达到的效果,那么以此事件来决定代码所写的位置。

方法三:逐语句检查(顺序、语义)

主要检查每一句代码的顺序是否写对,语义是否正确。

把整个代码通读一遍,仔细思索每一段子过程什么时候执行,以及每一子过程中的每一句代码什么时候发生,必要时可以在程序段中插入 Print 语句分段查看,也可用注释语句的方法加"'"或"rem"进行调试。

方法四:属性设置检查

通过观察现象来判断。可以先检查常见的几种错误,例如:

① 运行时找不到窗体或控件,则可以判断有 Form 或其他控件的"Visible"属性被设为"False";对于控件,也可能是其层次关系有错误。

② 对象在窗体界面上成隐性,则可以判断程序运行前有"Enabled"属性被设置为"False"。

③ 如果无法产生动画效果,首先要检查计时器 Timer 的"Enabled"和"Interval"属性的设置。

其中,有些错误是读者在修改属性时不经意所犯的错误,比如把对象的某些行为属性修改了,使之在程序运行时无效。

针对这样的错误,可以添加一个同样的新控件,把这两个控件的属性进行对比,即可查出哪一个控件被改过。

方法五:设计测试程序数据

对于运用数据量较大的程序,可以给出一组测试数据来进行调试,这些数据应覆盖程序中可能出现的所有情况。每组数据被输入后,程序的输出结果都应该正确,如果其中一组数据输入后不对,则说明程序中存在错误。

方法六:用"单步跟踪方法"调试

① 单击集成开发环境的视图菜单,移动光标到工具栏子菜单,再移动光标到"调试",屏幕上显示调试工具栏。

② 把鼠标指针移到"逐语句"按钮,单击该按钮启动程序。

③ 屏幕上显示程序窗体,单击该程序窗体,屏幕上显示代码窗口。

④ 代码窗口中的黄色光标条指示下一条要执行的语句。不断单击调试工具栏上的逐语句按钮,程序就一条一条语句的执行。

通过单步跟踪可以看到,程序中是否所有的分支语句都被执行到,程序是否按照自己的设计顺序在执行。

方法七:用"监视表达式值方法"调试

这是通过判断关系表达值的真假,逐句检测程序的调试方法。

① 在代码窗口中选择某表达式。

② 单击调试工具栏上的快速监视按钮,把所选的表达式添加到监视窗口中。

③ 单击调试工具栏上的逐语句按钮,启动程序单步运行。

④ 单击调试工具栏上的"监视窗口"按钮,打开监视窗口,从监视窗口中可以检查变量及表达式的值,观察是否与预想的一致。

方法八:使用"立即窗口"和 Stop 语句调试

适用于在循环语句中判断每次循环的正确与否。

① 在程序适当地方插入 Stop 语句。

例如:

```
Dim n,i,k,s
n = InputBox("请输入数据n:")
```

```
s = 0
k = 1
For i = 1 to n
  k = k * i
  Debug.Print i & "的阶乘:", k
  Stop
  s = s + 1 / k
Next i
```

② 启动程序运行,单击运行后的窗体,在 InputBox 对话框中输入数据5。单击"确定"后窗口会立即显示:

1 的阶乘:1

③ 按下 F5 键程序继续运行,当再次运行到 Debug. Print 语句的时候立即窗口中就显示出 2 的阶乘,并又一次在 Stop 语句处停止。如此重复4次,程序终止。立即窗口中显示出所有的中间运算的结果:

1 的阶乘:1

2 的阶乘:2

3 的阶乘:6

4 的阶乘:24

5 的阶乘:120

④ 检查中间运算结果无误,可以确定程序运算是正确的。

⑤ 从程序中删除语句:Debug. Print i &"的阶乘:", k 和 Stop 语句。

实验十七　程序调试综合应用

【实验目的】

(1) 理解错误类型的特点。

(2) 掌握程序调式基本方法。

(3) 掌握 On Error 语句使用方法。

(4) 能够编写简单编写错误处理程序。

【实验内容】

【17-1】 输入某个数,求该数的平方根。当用户输入负数时,使用 On Error…Resume进行处理。

```
Private Sub Form_Activate()
  Dim x As Single, y As Single, i As String
  On Error GoTo errln          '以下出错时转移到 errln
  Show : i = ""                'i 为实数标记
  x = Val(InputBox("请输入一个数"))
  y = Sqr(x)                   'x 为负数时会出错
```

```
      Print y; i : Exit Sub        ´显示及退出过程
      errln:                       ´标号
      If Err.Number = 5 Then       ´本错误的错误码为 5
        x = - x                    ´转换为正数
        i = "i"                    ´复数标记
      Resume                       ´返回
      Else                         ´其他错误处理
        MsgBox ( "错误发生在 " & Err.Source & ",代码为 " & _
            Err.Number & ",即 " & Err.Description)
        End
      End If
   End Sub
```

程序运行时,当用户输入一个正数时,则显示出该数的平方根;如果输入的是一个负数,则因求负数的平方根(通过函数 Sqr)而出错,此时会跳转到错误处理程序段。

在错误处理程序段中,先判断错误码,若是 5(即发生求负数的平方根的错误),则将该负数转换为正数,设置复数标记,然后执行 Resume 语句返回到原出错处继续执行。如果发生的不是错误 5,则显示有关信息后强制结束。

【17-2】 设计一个窗体,如图 1 所示。在窗体上放置文本框 Text1,Text2,分别用于输入一个整数闭区间的上下限,当单击"计算"按钮时,Text3 中显示该闭区间上所有整型数据的累加和。其中累加的计算使用过程 sum 来完成。

图 1 累加和例图

双击"计算"按钮,编写程序代码:

```
Private Sub Command1_Click()
   Dim x As Integer,y As Integer,z As Integer
   x = Val(Text1.Text)
   y = Val(Text2.Text)
   Call sum(x, y, z)             ´调用过程 sum ,通过实参数 z 返回结果
   Text3.Text = Str(z)
End Sub
```

定义 sum 过程:形参数 a,b 表示闭区间的上下限,参数 c 用于向主程序传递运算的最终结果。3 个参数的传递方式都是按数值传递。

```
Sub sum (ByVal a% , ByVal b% , ByVal c As Integer)
      Dim i As Integer
      Dim s As Integer
```

```
        For i = a To b
                s = s + i
        Next
     c = s
End Sub
```

运行程序后，分别在文本框 Text1 和 Text2 内输入 1 和 5；单击"计算"注意到在 Text3 内显示的结果为 0。程序错在何处？下面使用调试工具调试该程序，找出错误所在。

实验步骤：

（1）将断点设置在主程序的"Call sum(x, y, z)"语句处，然后运行程序，在 Text1 和 Text2 中分别输入 1 和 5。

（2）运行程序，单击"计算"按钮，当程序中断后，打开"监视"窗口，向"监视"窗口添加监视表达式 x,y,z,a,b,c;注意此时各监测表达式的值（见图 2）。因为当前程序的控制权在主程序，所以过程 sum 中的参数 a,b,c 还没有意义，在监视窗口中显示为"＜溢出上下文＞"。

（3）按 F8 键以逐语句方式运行程序，此时程序转入到 sum 过程执行，注意各监测表达式值的变化情况，如图 3 所示。

（4）当以逐语句方式运行程序到 sum 过程的"End Sub"语句处时，发现变量 c 的值变为 15，而与之对应的实参数 z 变量的值并没有变化。

（5）按 F8 键继续以逐语句方式运行程序，此时过程 sum 执行结束，返回到主程序 Command1_Click( )，过程 sum 中的变量重新显示为"＜溢出上下文＞"，说明这些变量此时没有意义（这也说明过程内部的变量的作用域只限于当前过程）。同时注意到，作为与形参数 c 对应的实参数 z 的数值仍然为 0，所以试图通过将形参数 c 的运算结果传递给 z，并没有成功。

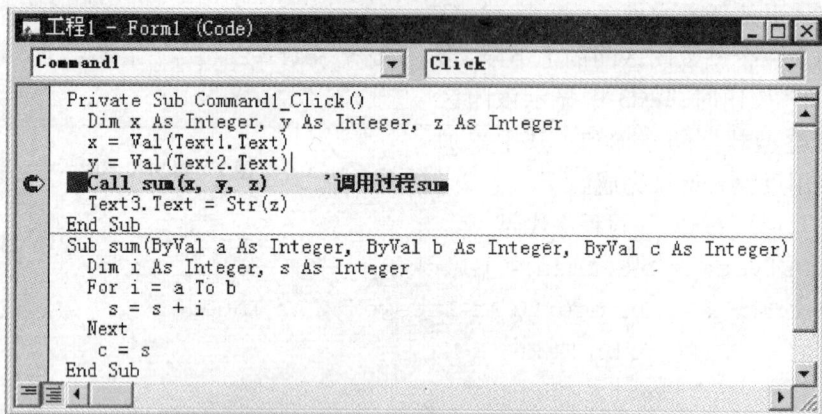

图 2　调试的监视窗口

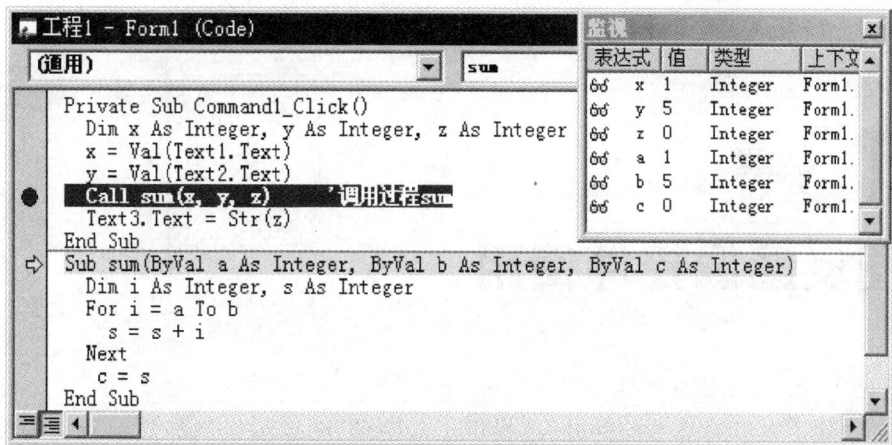

图 3　监测表达式的值的变化情况

通过调试得出结论：要使用形参数返回过程的运算结果，不能使用按数值传递方式（ByVal），要使用按地址传递方式（ByRef）。对于本例，可以将 sum 过程的首部改为：Sub sum（ByVal a As Integer, ByVal b As Integer, ByRef c As Integer）。按上面的方法重新运行，观察监视窗口的变化。

第13章

绘图及图像控件使用

VB 中除了大量的基本控件外,还提供了与图形、图像的绘制与展示有关的控件或方法。

（1）与绘图有关的控件主要包括框架、滚动条、图片框、图像框、形状控件、直线控件等。

（2）与绘图有关的方法主要有 Pset,Line,Circle,Cls 等。

（3）与图片展示有关的函数主要有 LoadPicture 等。

【重点】

（1）如何通过图片框、图像框展示图片文件。

（2）通过各种绘图方法绘制所需图形。

（3）通过形状控件、直线控件绘制所需图形。

【难点】

（1）图片框、图像框的区别与联系。

（2）多种绘图方法中参数的掌握及灵活运用。

（3）使用形状控件、直线控件绘图的方法。

【知识讲解】

1. 常用绘图及图像控件的属性、事件及相关函数

（1）Frame 控件

常用属性:Caption。

（2）HscrollBar/VscrollBar 控件

常用属性:Value,Max/Min,SmallChange/LargeChange。

常用事件:Scroll,Change。

（3）PictureBox 控件

常用属性:Picture,AutoSize。

相关函数:LoadPicture。

（4）Image 控件

常用属性:Picture,Stretch。

（5）Shape 控件

常用属性：Shape。

（6）Line 控件

常用属性：BorderStyle，BorderColor，BorderWidth。

2. 常用绘图方法（见表 13.1）

表 13.1　常用绘图方法

方　法	语法格式
Pset	［Object.］Pset［Step］(x,y)，(color)
Line	［Object.］Line［Step］(x1,y1) － ［Step］(x2,y2)，(color)，［B］［F］
Circle	［Object.］Circle［Step］(x, y)，radius，［color］，start，end［, aspect］

实验十八　绘图及图像控件应用

【实验目的】

（1）掌握滚动条控件的使用方法。

（2）掌握 PictureBox 控件和 Image 控件的使用方法。

（3）掌握 Pset，Line，Circle 三种图形方法。

（4）掌握 Shape 控件和 Line 控件的使用方法。

【实验内容】

【18-1】　在窗体中央显示由小到大动态变化的"欢迎使用本软件"，如图 1 所示。

实验要求：

（1）要求文字在变化过程中始终处于窗体中央。

（2）字号从 5 开始，变化至 50。

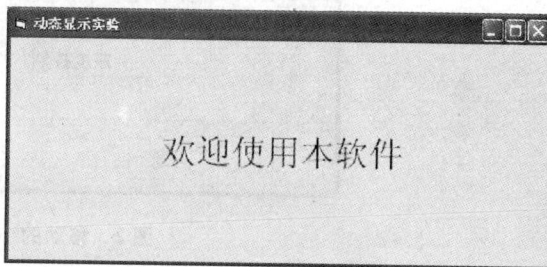

图 1　文字动态显示

程序分析：

（1）通过设置 CurrentX 和 CurrentY 属性，控制 Print 方法输出的文字的位置。

（2）通过输出、擦除、再输出、再擦除的办法实现视觉上的动态显示。

实验步骤：

（1）根据题意设计窗体，放置 Timer 控件。

（2）设置 Timer 控件的 Interval 属性值为 50（设置的值越小，变化速度越快）。

（3）完善实验代码。

```
Const FrmStr As String = "欢迎使用本软件"
Private Sub Form_Activate()
    Form1.Font.Size = 5
```

```
        Timer1.Enabled = _____
    End Sub
    Private Sub Timer1_Timer()
        If Form1.Font.Size <= _____ Then
            Form1.Cls
            Form1.Font.Size = Form1.Font.Size +2
            CurrentX = ScaleWidth/2 - TextWidth(FrmStr)/2
            CurrentY = _____
            Print FrmStr
        Else
            Timer1.Enabled = False
        End If
    End Sub
```

(4) 按 F5 执行程序,程序运行结果如图 1 所示。

(5) 保存窗体和工程文件。

【18-2】 利用滚动条调整窗体中小汽车的移动速度(见图 2)。

图 2 移动的小车

实验要求:

(1) 通过按钮控制小车移动的启动和停止。

(2) 小车向左移动。

(3) 小车到达窗体最左边时,再从窗体最右侧出现,并循环运行。

程序分析:

(1) 小车的移动通过在 Timer 控件的 Timer 事件中,修改图像框(Image)的 Left 属性的值实现。

(2) 当小车图像框的 Left 属性减小至 - Image1.Width 时,设定图像框的 Left 值为窗体的 Width 属性的值,即可实现小车的循环出现。

实验步骤：

（1）根据题意设计界面，如图2所示。

（2）主要控件属性设置如表1所示。

表1 主要控件属性设置

控 件	属 性	属性值
HScroll1	Min	1
	Max	50
	SmallChange	5
	LargeChange	10
Timer1	Interval	5

（3）完善实验代码。

```
Private Sub Command1_Click()
'"启动"按钮
    Timer1.Enabled = _____
End Sub
Private Sub Command2_Click()
'"停止"按钮
    Timer1.Enabled = _____
End Sub
Private Sub Form_Activate()
    Timer1.Enabled = False
End Sub
Private Sub Timer1_____()
    Image1.Left = _____ - HScroll1.Value
    If Image1.Left <= - Image1.Width Then
        Image1.Left = _____
    End If
End Sub
```

（4）按 F5 执行程序，然后单击"启动"按钮，程序运行结果如图2所示。

（5）保存窗体和工程文件。

【18-3】 绘制如图3所示的正弦曲线。

程序分析：本实验通过 Pset 方法进行曲线的绘制，通过 Line 方法进行坐标轴的绘制。

实验步骤：

（1）根据题意设计界面，如图3所示。

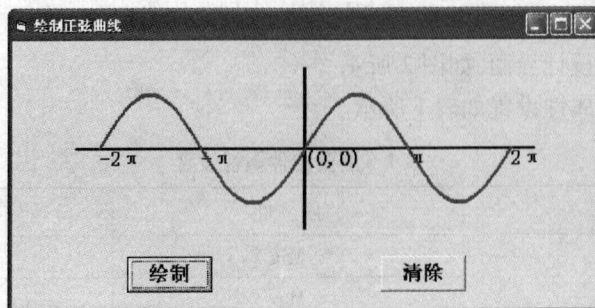

图3 正弦曲线

（2）完善实验代码。

```
Const Pi As Single = 3 .14
Private Sub Command1_Click()
    '"绘制"按钮
    Dim i As Integer
    Dim X As Single, Y As Single
    '绘制坐标系
    DrawWidth = 3
    Scale ( -9, 2) -(9, -3)
    Line ( -7, 0) -(7,0)
    Line (0, 1.5) -(0, -1.5)
    '标注 X 轴坐标
    CurrentX = -2 * Pi: CurrentY = 0
    Print " -2π"
    CurrentX = - Pi: CurrentY = 0
    Print " -π"
    CurrentX = _____: CurrentY = _____
    Print "(0,0)"
    CurrentX = _____: CurrentY = 0
    Print "π"
    CurrentX = _____: CurrentY = 0
    Print "2π"
    '绘制正弦曲线
    For i = -200 To 200
        X = i /100 * Pi
        Y = Sin(X)
        _____
    Next i
End Sub
Private Sub Command2_Click()
```

```
'"清除"按钮
    Form1._____
End Sub
```

（3）按 F5 执行程序。

（4）保存窗体和工程文件。

【18-4】 通过在屏幕上绘制随机大小的彩色加点，模拟制作一个屏幕保护程序，如图 4 所示。

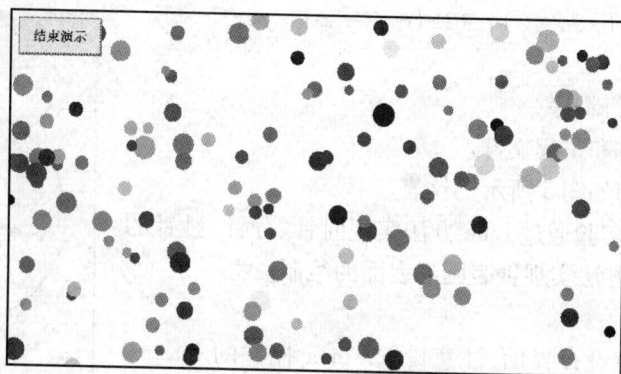

图4 模拟屏幕保护程序

实验步骤：

（1）根据题意设计界面。

（2）主要控件属性设置如表 2 所示。

表2 主要控件属性设置

控件	属性	属性值
Fomr1	BorderStyle	0-None
	BackColor	白色
Timer1	Interval	50

（3）编写实验代码。

```
Private Sub Command1_Click()              '结束演示按钮
    End
End Sub
Private Sub Form_Load()
    Form1.Width = Screen.Width
    Form1.Height = Screen.Height
    Form1.Left = 0
    Form1.Top = 0
End Sub
Private Sub Timer1_Timer()
    Dim R As Double, G As Double, B As Double
```

```
    Dim X0 As Integer, Y0 As Integer
    R = 255 * Rnd
    G = 255 * Rnd
    B = 255 * Rnd
    DrawWidth = Int((50 - 20 + 1) * Rnd + 20)
    x0 = Form1.Width * Rnd
    y0 = Form1.Height * Rnd
    Pset (x0, y0), RGB(R, G, B)
  End Sub
```

(4) 按 F5 执行程序

(5) 保存窗体和工程文件。

【18-5】 绘制如图 5 所示的钟表。

程序分析:本实验通过 Line 方法实现时针、分针、秒针的绘制,通过 Circle 方法实现钟表圆形表面的绘制。

实验步骤:

(1) 根据题意设计界面,注意设置 Timer 控件的 Interval 属性值为 1000。

(2) 编写实验代码。

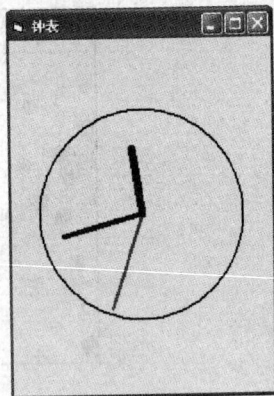

图 5　钟表

```
    Const Pi As Single = 3.1416
    Dim HL As Single, ML As Single, SL As Single
    Dim HJ As Single, MJ As Single, SJ As Single
    Dim X0 As Single, Y0 As Single
    Dim Chour As Single, Cmin As Single, Csec As Single
    Private Sub Form_Load()
       ′设置时针、分针、秒针的长度
       HL = Form1.Width * 4 / 16
       ML = Form1.Width * 5 / 16
       SL = Form1.Width * 6 / 16
       ′设置原点
       X0 = Form1.Width / 2
       Y0 = Form1.Height / 2
    End Sub
    Private Sub Timer1_Timer()
       Form1.Refresh
       ′获取当前系统时间对应的秒数、分数及时数
       Csec = Second(Time)
       Cmin = Minute(Time) + Csec / 60
       Chour = Hour(Time) + Cmin / 60 + nsec / 3600
       ′设置秒、分、时针的角度
```

```
        SJ = Csec * 6
        MJ = Cmin * 6
        HJ = Chour * 30
        '绘制钟面
        Form1 .DrawWidth = 2
        Circle (X0 , Y0) , SL + 80
        '绘制秒针、分针、时针
        LineClock SJ, SL, 3, vbRed
        LineClock MJ, ML, 5, vbBlue
        LineClock HJ, HL, 8, vbBlue
    End Sub
    Private Sub LineClock(Jd As Single, L As Single, Wid _
        As Integer, Color As Double)
      Dim X1 As Single, Y1 As Single
      X1 = X0 + L * Sin(Jd * Pi /180)
      Y1 = Y0 + ( -1) * L * Cos(Jd * Pi /180)
      Form1 .DrawWidth = Wid
      Line (X0 , Y0) - (X1 , Y1) , Color
    End Sub
```

（3）按 F5 执行程序。

（4）保存窗体和工程文件。

第14章

数据库应用程序设计

数据库是以一定方式组织、存储及处理的相互关联的数据的集合,它以一定的数据结构和一定的文件组织方式存储数据,并允许用户访问。本章主要介绍 VB 中 Data 控件、DBGrid 控件、ADO Data 控件在数据库管理中的使用方法。

【重点】

(1)"VisData 数据库管理器窗口"创建及维护数据库。
(2)使用 ADO 数据控件访问数据库的基本方法。

【难点】

(1)使用 ODBC 访问数据库的基本方法。
(2)结构化查询语言 SQL。

【知识讲解】

1. VisData 数据库管理器窗口

在 VB 中可以通过"外接程序 | 可视化数据管理器"调出"VisData"数据库管理器窗口,该窗口的菜单功能如图 14.1 所示,"实用程序"菜单说明如图 14.2 所示。

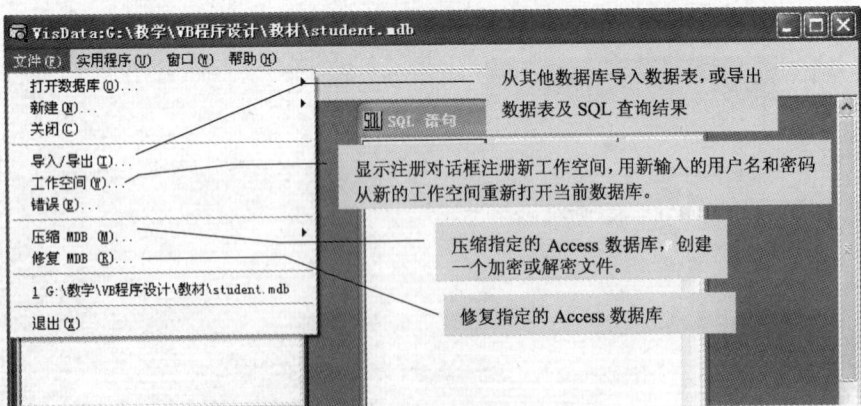

图 14.1 VisData 数据库管理器窗口"文件"菜单项说明

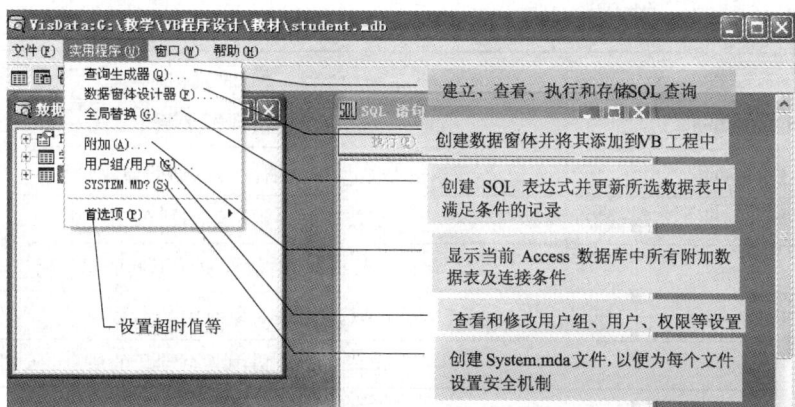

图 14.2　VisData 数据库管理器窗口"实用程序"菜单项说明

数据库的基本操作如下：

（1）设计表结构。启动 VisData→右击"数据库窗口"，从弹出的菜单中选择"新建表"→在表结构窗口中输入表名→添加字段→确定字段名称和属性、有效性规则→建立索引→生成表结构。

（2）输入记录。右击"数据库窗口"选中的表，从菜单中选择"打开"→在数据表窗口输入记录（注意窗口样式）→单击"新增"→在窗口中输入记录并"更新"→重复以上步骤。

（3）维护记录。右击"数据库窗口"选中的表，从菜单中单击"打开"，选择"编辑|删除|新增"，即可完成对记录的修改、删除、添加操作。

（4）建立查询。建立查询就是在数据表中找到符合特定条件的记录并组成一张新表。

右击"数据库窗口"选中的表，从菜单中选择"新查询"→在查询生成器中构造查询条件，单击"运行"。

2. ADO 数据控件

ADO（ActiveX Data Object，Activex 数据对象）数据访问接口是微软处理数据库信息的最新技术，它是一种 ActiveX 对象，采用了 OLE DB（动态连接与嵌入数据库）的数据访问模式，是数据访问对象 DAO、远程数据对象 RDO 和开放式数据库互连 ODBC 等 3 种方式的扩展。

要使用 ADO 对象，必须先为当前工程引用 ADO 对象库，方法是：执行"工程"菜单中的"引用"命令，在对话框中选中"Microsoft ActiveX Data Object 2.0 Library"。

图 14.3 显示了 ADO 对象之间的关系。表 14.1 是对这些对象的描述。

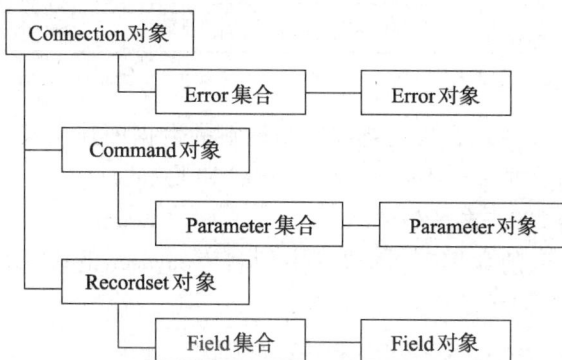

图 14.3　ADO 对象模型

表 14.1　ADO 对象描述

对象名	描　　述
Connection	连接数据来源
Command	从数据源获取所需数据的命令信息
Recordset	所获得的一组记录组成的记录集
Error	在访问数据时,由数据源所返回的错误信息
Parameter	与命令对象有关的参数
Field	包含了记录集中某个字段的信息

添加 ADO 数据控件。单击"工程 | 部件 | Microsoft ADO Data ControlS 6.0(OLE DB)"将其添加到工具箱,并在窗体上拖拽出 ADO 数据控件。

ADO 数据控件的图标如图 14.4 所示。

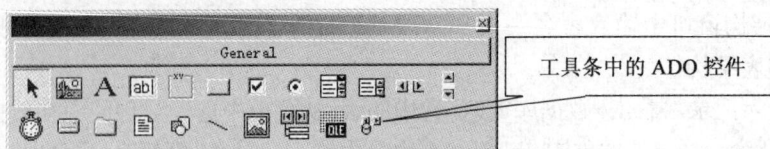

图 14.4　工具条中的 ADO 控件

ADO 控件的属性设置。ADO 控件的基本属性见表 14.2。

表 14.2　ADO 控件的基本属性

属性名	作　　用
ConnectionString	用来与数据库建立连接,它包括 4 个参数: Provide——指定数据源的名称 FileName——指定数据源所对应的文件名 RemoteProvide——在远程数据服务器打开一个客户端时所用的数据源名称 RemoteServer——在远程数据服务器打开一个主机端时所用的数据源名称
RecordSource	确定具体可访问的数据,可以是数据库中的单个表名、查询文件名或 SQL 查询字符串
ConnectionTimeout	设置数据连接的超时时间,若在指定时间内连接不成功,则显示超时信息
MaxRecords	确定从一个查询中最多能返回的记录数

3. 数据库连接

ADO 是继 DAO,RDO 之后微软新推出的最新的数据库连接技术,它们都采用 ADO 连接数据库。常用的数据库有 Access,SQL Server 和 Excel。

(1) 连接 Access 2003 数据库

连接名为 test. mdb 的数据库,读取其中的名为 myuser 的表中的所有数据,显示在 MSHFlexGrid1 中。

```
Dim cn As New ADODB.Connection
Dim rs As New ADODB.Recordset
```

```
cn.Open "Provider = Microsoft.Jet.OLEDB.4.0;Data Source = " & _
  App.path &" \test.mdb"
rs.Open "myuser", cn, adOpenKeyset, adLockOptimistic
Set MSHFlexGrid1.DataSource = rs
```

连接 Access 2007 数据库

```
Dim cn As New ADODB.Connection
Dim rs As New ADODB.Recordset
cn.Open "Provider = Microsoft.ACE.OLEDB.12.0;Data Source = " & _
  App.Path & "\" &"test.accdb;Persist Security Info = False"
rs.Open "select * from myuser", cn, adOpenKeyset, adLockOptimistic
Set MSHFlexGrid1.DataSource = rs
```

（2）连接设置了密码的 Access 2003 数据库

连接名为 test. mdb 的数据库,密码为 111,读取其中的名为 myuser 的表中数据。

```
Dim cn As New ADODB.Connection
Dim rs As New ADODB.Recordset
cn.Open "Provider = Microsoft.Jet.OLEDB.4.0;Data Source = " & _
  App.path &" \ test.mdb Jet OLEDB:Database Password =111"
rs.Open "myuser", cn, adOpenKeyset, adLockOptimistic
Set MSHFlexGrid1.DataSource = rs
```

（3）用 ODBC DSN（ODBC 数据源）连接 SQL Server 2000

要想使用 ODBC DSN 访问 SQL Server 2000 数据库,就要先对 ODBC 数据源进行配置。步骤如下:

在 SQL 的企业管理器中建立名为 test 的数据库,其中有一个叫 myuser 的表。控制面板→管理工具→数据源（ODBC）→选择"用户 DSN"选项卡→点"添加"→选中"SQL Server",点"确定"→在"数据源名称"处给目前正在建立的这个 DSN 取个名字,本例取为"TEST";在"数据源描述"处写上一些提示信息,以便以后方便自己了解该 DSN 的用途;在"服务器"处设置要使用的 SQL Server 服务器,本例中为"ZHANG"→勾选"使用用户输入登录 ID 和密码的 SQL Server 验证",并在"登录 ID"和"密码"处填上在安装 SQL Server 2000 时设置的用户名和密码,本例为"sa"和"111"→勾选"更改默认的数据库为:",在其中选中要连接的数据库,本例为"test"数据库（默认选项）直到"完成"→点"测试数据源",若出现"测试成功!",那么恭喜你,DSN 配置成功了。配置好 DSN 后,就可用下面的代码去连接数据库,并将读取的数据显示在 MSHFlexGrid1 中。

```
Dim cn As New ADODB.Connection
Dim rs As New ADODB.Recordset
cn.Open "DSN = TEST;UID = sa;PWD =111"
rs.Open "myuser", cn, adOpenKeyset, adLockOptimistic
Set MSHFlexGrid1.DataSource = rs
```

注意:使用 ODBC DSN 连接数据库有自身的一些弊端,如每台电脑都必须配置 DSN,并且有可能还要安装 ODBC 驱动;一旦修改了 DSN,则用户就需要为每台电脑重新配置

ODBC。因此,一般不采用 DSN 连接数据库。

　　(4) 使用 DAO 对象进行连接连接 SQL Server 2000

```
Dim db as Database
Set ws = CreateWorkspace("","admin","")
Set db = ws.OpenDatabase("",dbDriverNoPeompt,True,"_
  drvier = {SQL_Server};server = ZHANG;database = test;_
          UID = sa;PWD = 111")
```

　　(5) 使用 ADO 对象进行连接 SQL Sewer 2000

连接名为 test 的数据库,读取其中的名为 myuser 的表中所有数据,显示在 MSHFlexGrid1 中。

```
Dim cn As New ADODB.Connection
Dim rs As New ADODB.Recordset
cn.Open "Driver = SQL Server;Server = ZHANG;UID = sa;_
  PWD = 111;database = test"
rs.Open "myuser", cn, adOpenKeyset, adLockOptimistic
Set MSHFlexGrid1.DataSource = rs
```

　　(6) 使用 OLEDB 连接 SQL Server 2000

OLEDB 是基于 COM 模型的数据库访问接口,是一种驱动程序级别的底层数据访问接口。它可以访问 SQL Server,Access,Oracle,Excel,还可以访问文本文件、邮件服务器(Microsoft Exchange)等中的数据。OLEDB 连接 SQL Server 2000 时,可以使用 ADO 对象(建立一个 Connection 对象后连接),也可以使用 ADO 控件(该控件即 Adodc1,数据源为 kfgl,在其属性窗口中或通过代码设置 ConnectionString 属性后连接)。

```
Dim cn As New ADODB.Connection
Dim rs As New ADODB.Recordset
cn.Open "Provider = SQLOLEDB.1;User ID = sa;_
  Password = 111;Initial Catalog = test;Data Source = ."
rs.Open "myuser", cn, adOpenKeyset, adLockOptimistic
Set MSHFlexGrid1.DataSource = rs
```

　　(7) 连接 Excel 2003

Excel 表格是 test. xls,数据放在 Sheet1 表单中。将读取到的数据放到 MSHFlexGrid1 中显示。

```
Dim cn As New ADODB.Connection
Dim rs As New ADODB.Recordset
cn.Open "Provider = Microsoft.Jet.OLEDB.4.0;Persist Security
  Info = FALSE;data source = test.xls;extended _
  properties = Excel 8.0"
rs.Open "select * from [Sheet1$]", cn, adOpenKeyset, adLockOptimistic
Set MSHFlexGrid1.DataSource = rs
MSHFlexGrid1.ColWidth(0) = 10
```

连接 Excel 2007

Excel 表格是 test. xlsx(Excel 2007 的文件格式为. xlsx),数据放在 Sheet1 表单中。将读取到的数据放到 MSHFlexGrid1 中显示。

```
Dim cn As New ADODB.Connection
Dim rs As New ADODB.Recordset
cn.Open "Provider = MSDASQL.1;Persist Security Info = FALSE; _
  data source = test.xls;extended properties = "DSN = Excel _
  Files;DBQ = " & App.path & " \test.xlsx";DriverID =1046; _
    FIL = Excel 8.0"
rs.Open "select * from [Sheet1 $]", cn, adOpenKeyset, adLockOptimistic
Set MSHFlexGrid1.DataSource = rs
MSHFlexGrid1.ColWidth(0) =10
```

(8) 连接 Oracle 数据库

VB 要连接 Oracle 数据库,首先要安装 VB 6.0 的 SP6 补丁,这样才能对 Oracle 有更好的支持。用 ADO 控件(即 Adodc1,数据源为 kfgl)进行连接,该控件的属性设置如下:CommandType 设为"1 - adCmdText";RecordSource 设为"Select * from 数据库名. kf order by kf. 列名";Password 设为你想要的密码,如 111;UserName 设为 System。

```
Dim cn As New ADODB.Connection
Dim rs As New ADODB.Recordset
Cn.ConnectionString = "Provider = OraOLEDB.Oracle.1;Persist _
  Security Info = False;UserID = 用户名;Password = 密码;Data _
  Source = 数据源"
Rs.Open"Select * from 数据库名.kf order by kf.列名",cn
```

4. VB 中使用 ODBC 步骤

在 VB 环境开发数据库应用时,与数据库连接和对数据库的数据操作是通过 ODBC,Microsoft Jet(数据库引擎)等实现的。Microsoft Jet 主要用于本地数据库,而在 C/S 结构的应用中一般用 ODBC。

使用 ODBC 方法扫描 student. mdb 数据库的基本情况表。步骤如下:

(1) 开始新项目,并在项目工具箱中加进 ADO 数据控件。

(2) 在窗体上放一个 ADO 数据控件的实例。

(3) 右键单击控件,并从弹出菜单中选择"ADODC 属性"命令(或单击 Adodc1 的 ConnectionString 属性旁的"…"按钮),打开 ADO 数据控件的属性页(见图 14.5)。

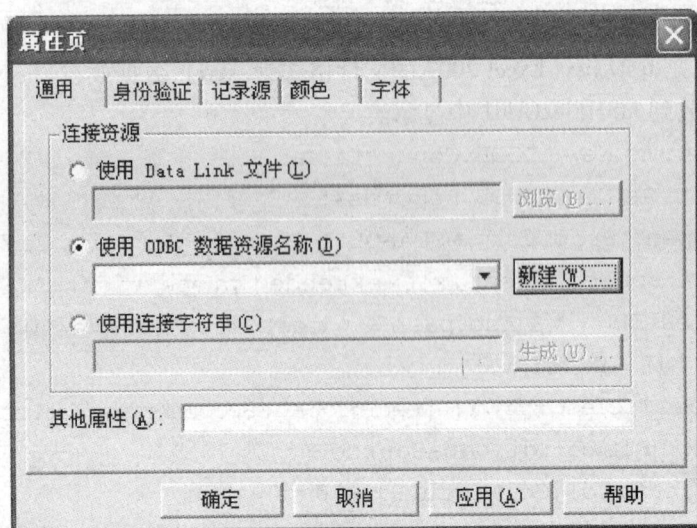

图 14.5　ADO 数据控件的属性页

（4）选择"通用"标签,并选择"使用 ODBC 数据资源名称"单选项。按下列步骤生成新的数据原名:

① 单击"新建"按钮(见图 14.5),打开"创建新数据源"窗口。在这个窗口中可以选择数据源类型,选项包括:

文件数据源——所有用户均可以访问的数据库文件。

用户数据源——只有你能访问的数据库文件。

系统数据源——能登录该机器的任何用户都能访问的数据库文件。

② 选择"系统数据源",以便从网上登录测试锁定机制(如果在网络环境中)。

③ 单击"下一步"按钮,此时显示"创建新数据源"窗口,指定访问数据库所用的驱动程序(见图 14.6)。

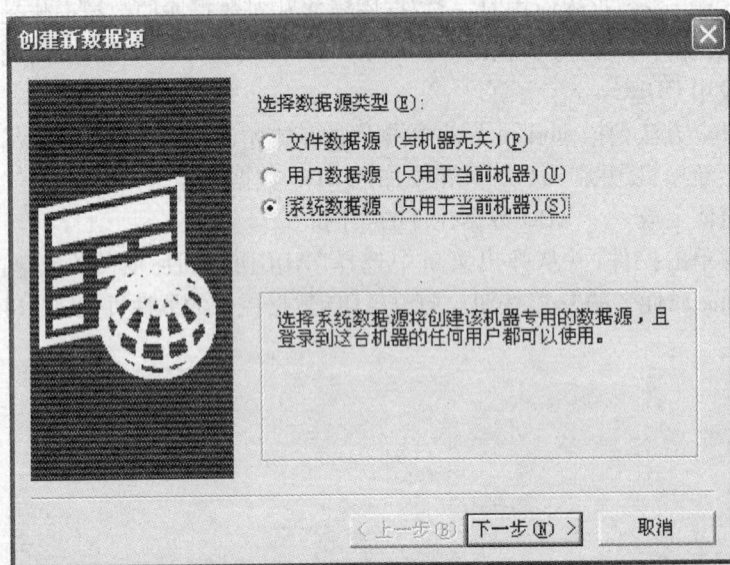

图 14.6　选择数据源类型窗口

驱动程序必须符合数据库。数据源可以是个大数据库,包括 Access,Oracle,SQL Server。本例采用 Access 数据库。

④ 选择 Microsoft Access Driver,并单击"下一步"按钮(见图 14.7)。

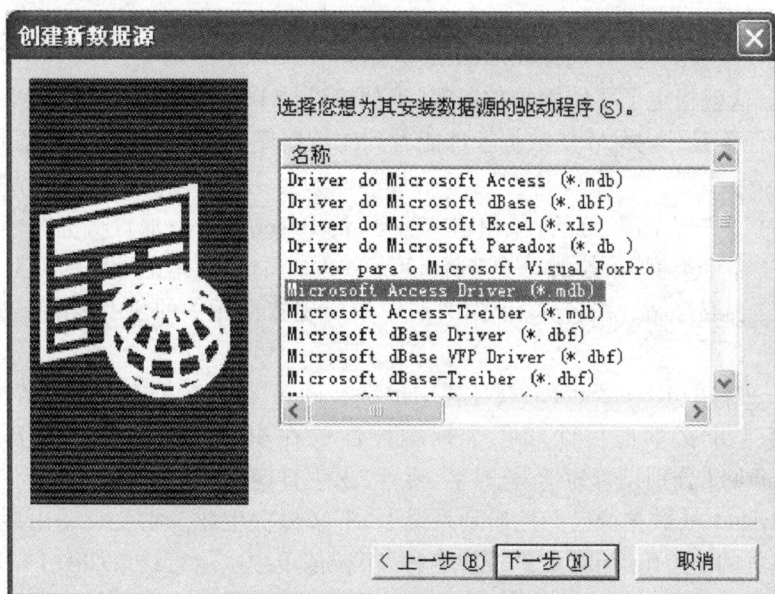

图 14.7 选择驱动程序

如图 14.7 所示的窗口指出,已选择了系统数据源并用 Access 驱动程序访问。

⑤ 单击"完成"按钮,生成数据源。

这时就可以指定将哪个 Access 数据库赋予新建的数据源。在出现的"ODBC Microsoft Access 安装"窗口中,执行如下操作:

a. 如图 14.8 所示,指定数据源名为 mystudent,在"说明"框中输入简短说明:student 数据源(说明可以空缺)。

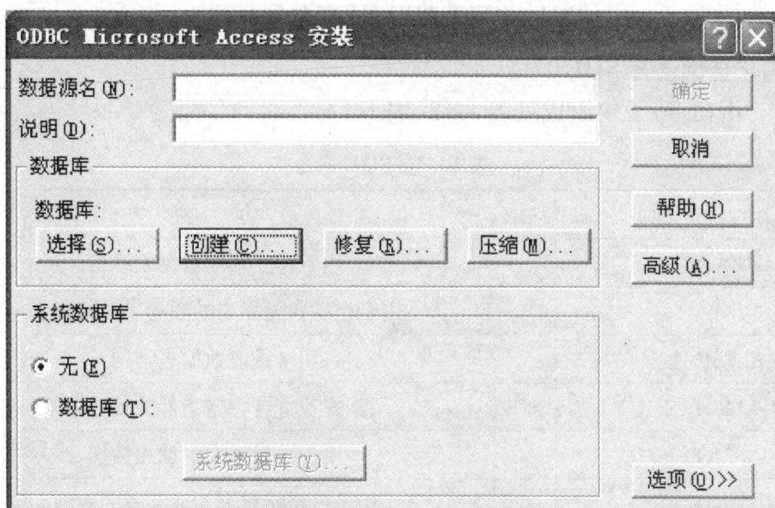

图 14.8 创建新数据源

b. 单击"选择"按钮,并通过"选定数据库"窗口选择数据库,找到 VB98 文件夹中的 student. mdb(假设 student. mdb 存放在此)。

c. 回到 ADO 数据控件的属性页时,新的数据源即会出现在"使用 ODBC 数据资源名称"下拉清单中。

(5) 展开下拉清单,并选择 mystudent 数据源。

实际上,这就指定了要使用的数据库(类似于设计 Data 控件的 DatabaseName 属性)。

下一个任务是,选择 ADO 数据控件能看到的数据库记录(表格或 SQL 语句返回的记录集)。

(6) 切换到"记录源"标签(或单击 Adodc1 的 RecordSource 属性旁的"…"按钮)。

(7) 在"命令类型"下拉清单中选择 adCmdTable 项目,这是记录源的类型。

(8) 在"表或存储过程名称"下拉的清单中出现数据库中的所有表名。选择基本情况表。

Adodc1 控件的 RecordSource 属性栏中出现 student. mdb 数据库的基本情况表。

(9) 将 4 个文本框控件和 4 个标题控件放在窗体上。将它们的 DataSource = Adodc1, DataField 分别设置为学号、姓名、专业、出生日期。

此时 mystudent 数据源已经注册到系统上,不必再次生成。它会自动出现在 ADO 数据控件属性页的"使用 ODBC 数据资源名称"下拉清单中。运行结果如图 14.9 所示。

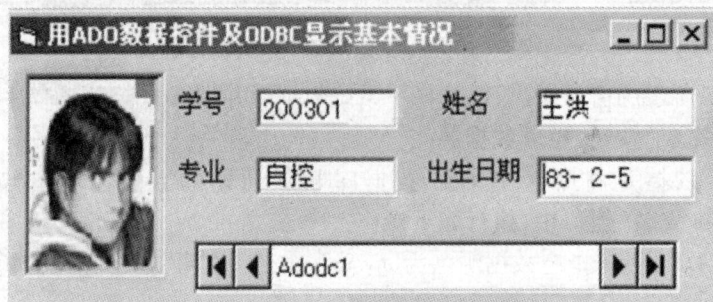

图 14.9　使用 ADO 数据控件及 ODBC

5. 结构化查询语言 SQL

SQL 语言由命令、子句组成见表 14.3、表 14.4。

表 14.3　SQL 命令

命　令	功　能
CREATE	用于建立新的数据表结构
DROP	用于删除数据库中的数据表及其索引
ALTER	用于修改数据表结构
SELECT	用于查找符合特定条件的某些记录
INSERT	用于向数据表中加入数据
UPDATE	用于更新特定记录或字段的数据
DELETE	用于删除记录

表 14.4　SQL 子句

子　　句	功　　能
FROM	用于指定数据所在的数据表
WHERE	用于指定数据需要满足的条件
GROUP BY	将选定的记录分组
HAVING	用于说明每个群组需要满足的条件
ORDER BY	用于确定排序依据
INTO	查询结果去向

6. 报表制作

在 VB 6.0 中可以利用报表设计器来制作报表,选择"工程|添加 data report",将报表设计器加入到当前工程中,报表由 5 部分组成。

报表标头:每份报表只有一个,可以用标签建立报表名。

页标头:每页有一个,即每页的表头,如字段名。

细节:需要输出的具体数据,一行一条记录。

页脚注:每页有一个,如页码。

报表脚注:每份报表只有一个,可以用标签建立对本报表的注释、说明。

使用报表设计器处理的数据需要利用数据环境设计器创建与数据库的连接,选择"工程|添加 Data Enviroment",在连接中选择指定的数据库文件,完成与数据库的连接,然后产生 Command 对象以连接数据库内的表。

制作报表的简单方法是从"外接程序"中选择报表向导来设计报表。

制作报表的步骤如下:

(1) 新建工程,在窗体上放置 2 个命令按钮。

(2) 选择"工程|添加 Data Enviroment",右击 Connection1,在属性中选择"Microsoft Jet 4 OLE DB Provider",在"连接"中指定数据库。

(3) 再次右击 Connection1,选择"添加命令",创建 Command1 对象,右击 Command1,在属性中设置该对象连接的数据源为需要打印的数据表。

(4) 选择"工程|添加 Data Report",在属性窗口中设置 DataSource 为数据环境 DataEnviroment1 对象,DataMember 为 Command1 对象,即指定数据报表设计器 DataReport1 的数据来源。

(5) 将数据环境设计器中 Command1 对象内的字段拖到数据报表设计器的细节区。

(6) 利用标签控件在报表标头区插入报表名,在页标头区设置报表每一页顶部的标题。

(7) 利用线条控件在报表内加入直线,利用图形控件和形状控件加入图案或图形。

(8) 利用 DataReport1 对象的 Show 方法显示报表,在窗体 Click 事件加代码:DataReport1.Show。

(9) 利用预览窗口按打印按钮可以打印报表。

(10) 利用预览窗口工具栏上的导出按钮可以将报表内容输出成文本文件或 Html 文件;也可以利用 DataReport1 对象的 ExportReport 方法将报表内容输出成文本文件或 Html 文件。

实验十九　数据库应用程序设计

【实验目的】

（1）理解数据库的基本概念。

（2）掌握数据库的创建及管理的方法。

（3）掌握对数据库访问的方法。

（4）能设计简单的数据库应用系统。

【实验内容】

【19-1】　ADO 数据控件与高级约束控件使用。

程序分析：本例要求在 DataList 控件中显示学号，要将 DataList 控件与 ADO 数据控件连接，使用户每次选择清单中的新学号时，窗体上的文本框中出现相应的字段。为使用 DataList 和 DataCombo 控件，首先要将其加进工具箱。

实验步骤：

（1）选择"工程|部件"菜单，打开"部件"对话框，选取"Microsoft DataList Controls 6.0（OLEDB）"复选项。

（2）将 DataList 控件的实例放在窗体上。

（3）用基本情况表中的学号建立 DataList 控件，设置属性 RowSource = Adodc1，ListField = 学号。

如果这时运行应用程序，则会自动生成 DataList 控件，但清单中所选的学号对约束数据控件没有影响。加入以下代码，在清单中每次选择另一学号时移动 ADO 数据控件：

```
Private Sub DataList1_Click()
    Adodc1.Recordset.Bookmark = DataList1.SelectedItem
End Sub
```

每次单击清单中的新项目时，这个项目就成为 ADO 数据控件的书签。

大多数情况下，用于自动建立 DataList 控件的数据通常没有排序。如果 DataList 控件中学号没有排序，就无法方便地找到清单中的项目。要使 DataList 控件中学号排序，按如下步骤修改 ADO 数据控件的 RecordSource 属性：

① 设计如图 1 所示的窗体。

② 右键单击 Adodc1 控件，并在属性页中将"ODBC 数据源名"设置为 mystudent。

③ 切换到"记录源"标签，指定 SQL 语句而不是表格。将"命令类型"设置为 adCmdUnknown，并在"命令文本"框中输入下列 SQL 语句：

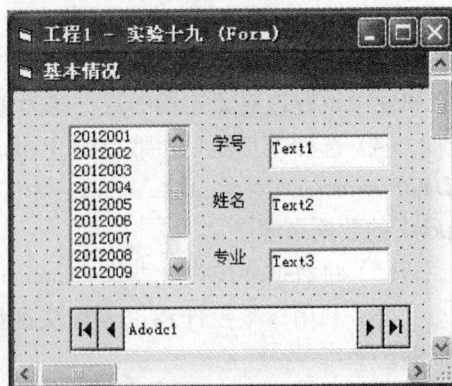

图 1　ADO 数据控件与高级约束控件使用

```
select * from 基本情况 order by 学号
```

【19-2】　用外接程序的数据窗体向导创建主细表(数据库 student. mdb 中的主表是基本情况表,细表是学生成绩表)。

实验步骤:

(1)选择"外接程序"的"数据窗体向导"菜单(如菜单中无此选项,可通过"外接程序"的"外接程序管理器"来加载"VB 数据窗体向导"),出现"数据窗体向导—介绍"窗口,选择"无",单击"下一步"。

(2)在"数据窗体向导—数据库类型"窗口"选择 Remote(ODBC)",单击"下一步"。

(3)在"数据窗体向导—连接信息"窗口,在 DSN(数据源名)栏选择已定义的数据源 mystudent,单击"下一步"。

(4)在"数据窗体向导—Form"窗口,在"窗体名称为"文本框中输入窗体名称,本例输入 frm_jbqk;窗体布局选择"主表/细表",单击"下一步"。

(5)在"数据窗体向导—主表记录源"窗口选择主表及其字段,本例在"记录源"文本框选择主表为"基本情况",在"可用字段"中挑选字段学号、姓名、专业到"选定字段",单击"下一步"。

(6)在"数据窗体向导—详细资料记录源"窗口选择细表及其字段,本例在"记录源"文本框选择细表为"学生成绩表",在"可用字段"中挑选字段学号、课程、成绩到"选定字段",单击"下一步"。

(7)在"数据窗体向导—记录源关系"窗口,选择主表及其细表相连接的字段,本例在"主表"和"细表"下拉列表框中均选择"学号",单击"下一步"。

(8)在"数据窗体向导—控件选择"窗口选择需要的控件,单击"下一步"。

(9)单击"完成"按钮。运行程序结果如图2所示。

图2　用外接程序的数据窗体向导创建主、细表

【19-3】　作为数据库编程入门的实验,主要演示"编程入门网网址管理系统"如何用 VB 向数据库中添加、修改、删除记录这些基本操作。

程序分析:该系统后台使用的是 Access 数据库,程序中使用 ADO 代码链接的形式连接 Access。该系统具有向数据库中添加、修改、删除记录的功能,进行某项操作后能够实时刷新显示数据。此外,在程序中加了相应的代码对输入的数据进行合法性校验,以避免输入错误的数据造成程序运行不正常,程序运行时各个操作及退出系统时均有友好的提示框,以便用户确认。所有代码均在 Windows 2003 + Vusual Basic 6.0 环境下调试通过。系统运行时如图 3 所示。

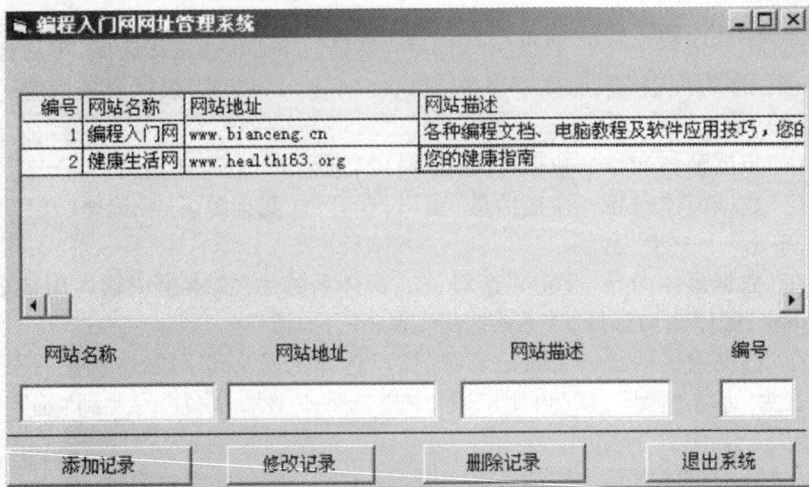

图 3　运行界面

实验步骤:

(1) 新建一个名为 Access_db 的数据库(Access 数据库文件的扩展名是 .mdb),保存到文件夹 E:\vb 中,则以后在程序中调用数据源的位置为 E:\vb\Access_db.mdb。

(2) 在 Access_db.mdb 中建立一个名为 wzdz 的表(wzdz 是"网站地址"的首字母缩写),然后在 wzdz 表中添加网站名称、网站地址及网站描述 3 个字段,3 个字段的属性是相同的,如下所示:

　　　　数据类型:文本

　　　　字段大小:50

　　　　有效性规则:无

　　　　必填字段:否

　　　　允许空字符串:否

　　　　索引:无

"编号"字段使用的是 Access 的自动编号,并将其作为主键。也就是说,在表中设置以上 3 个字段即可,设置完毕保存表时,按 Access 的提示添加主键,Access 会自动处理。在 Access 中给 wzdz 表中预先添加两条初始记录(见表 1)。

表 1　wzdz 表中预先添加两条初始记录

编号	网站名称	网站地址	网站描述
1	编程入门网	www.bianceng.cn	各种编程文档、电脑教程及软件应用技巧,您的电脑技术加油站
2	健康生活网	www.health163.org	您的健康指南

添加记录时注意:因为使用的是 Access 的自动编号做主键,所以在添加时不用理会"编号"字段,直接添加后 3 个字段即可。

（3）设计系统的界面及设置 ADO 控件的属性。

① 启动 VB 新建一个标准 exe 工程,并将工程中的 Form1 的 Caption 属性设置为"编程入门网网址管理系统"。

② 向窗体中添加一个 ADO 控件。如果在工具箱中找不到 ADO 控件,可以右击工具箱,选择"部件|控件选项卡|Microsoft ADO Data Control 6.0(OLEDB)"。

在 VB 的属性窗口对 ADO 控件的 3 个属性值进行编辑,其余属性值使用默认的即可。

ConnectionString 属性值设为:

```
Provider＝Microsoft.Jet.OLEDB.4.0;Data Source＝E:\vb\Access_
    db.mdb;Persist Security Info＝False
```

该属性设置了连接 Access_db.mdb 数据库。

RecordSourc 属性值设为:

```
select * from wzdz
```

这个属性值中的 SQL 语句的作用是查询出 wzdz 表中的所有记录。

③ Visible 属性值设为 False,作用是使其在运行时不可见。

（4）向窗体添加一个 MSHFlexGrid 控件。

系统使用数据显示控件 MSHFlexGrid 显示数据库中的记录,使用数据链接控件 Adodc 链接数据库作为 MSHFlexGrid 的数据源,使用文本框来接收系统运行时用户输入的数据。如果工具箱中没有 MSHFlexGrid 控件,右击工具箱,选择"部件|控件选项卡|MicrosoftHierarchical FlexGrid Control 6.0",然后在 VB 的属性窗口中将 MSHFlexGrid 控件的名称修改为 MS1,如图 4 所示。

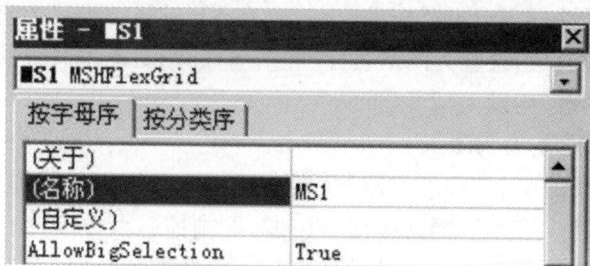

图 4　MSHFlexGrid 控件

然后对 MSHFlexGrid 控件进行如下设置:

① DataSource 属性:在 VB 的属性窗口中将其值设为 Adodc1,即使用 Adodc 控件作为其数据源。

② BackColorBkg 属性:在 VB 的属性窗口中将其值设为 &H00FFE0E0&,这是设置的 MSHFlexGrid 控件的底色。

③ BackColorFixed 属性:在 VB 的属性窗口中将其值设为 &H00C0FFFF&,这是设置的 MSHFlexGrid 控件的显示标题的底色。

④ Width 属性:在 VB 的属性窗口中将其值设为 7695。

⑤ Height 属性:在 VB 的属性窗口中将其值设为 2175。

⑥ 右击 MSHFlexGrid 控件,在弹出的菜单中选"属性",在弹出的"属性页"对话框的在"通用"选项卡中修改行为 4,修改列为 4,修改固定行为 0,修改固定列为 0。如果数据链接正常,在"属性页"对话框的"带区"选项卡中可以看到列标题和列名称已经设置了,这里注意应该将"带区"选项卡中的"列标头"选项勾选上,否则运行时无法显示列标题,如图 5 所示。"属性页"对话框的其他部分使用默认值即可。

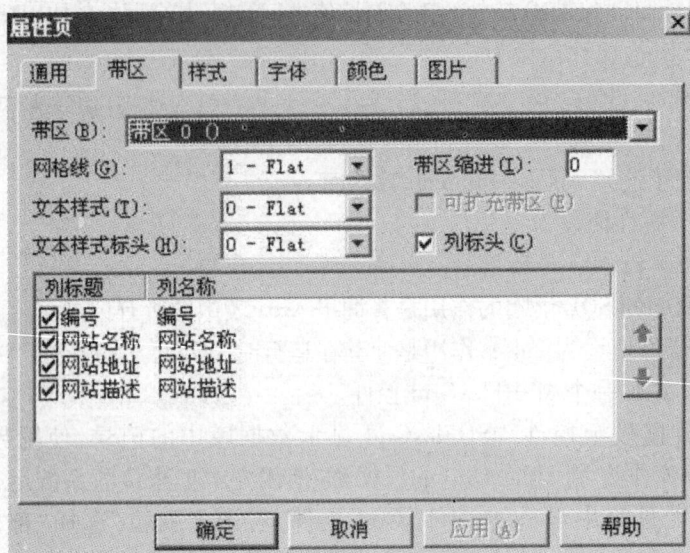

图 5　MSHFlexGrid 控件属性页

(5) 向窗体中添加 4 个 Label 控件(标签),在 VB 的属性窗口为它们设置以下属性:

① Caption 属性:分别设置为网站名称、网站地址、网站描述及编号。

② Alignment 属性:均设为"2 – Center"。

③ AutoSize 属性:均设为 True。

(6) 向窗体中添加 4 个 TextBox 控件(文本框),调整它们的位置成一排并与 4 个标签相对应,即网站名称→Text1,网站地址→Text2,网站描述→Text3,编号→Text4。

(7) 向窗体中添加 4 个 CommandButton 控件(命令按钮),将它们的 caption 属性分别设置为"添加记录"、"修改记录"、"删除记录"和"退出系统",并调整它们的位置成一排,放在文本框的下方。

(8) 在两排文本框和命令按钮中间,添加一个 Line 控件,适当拖动其两端的控制点将长短调整至适当,并将其 BorderColor 属性性设为 &H00C00000&,作用是把文本框和命令按钮隔开,这样在视觉上似乎能好看些。

(9) 所有控件设置完毕后,界面如图 6 所示。

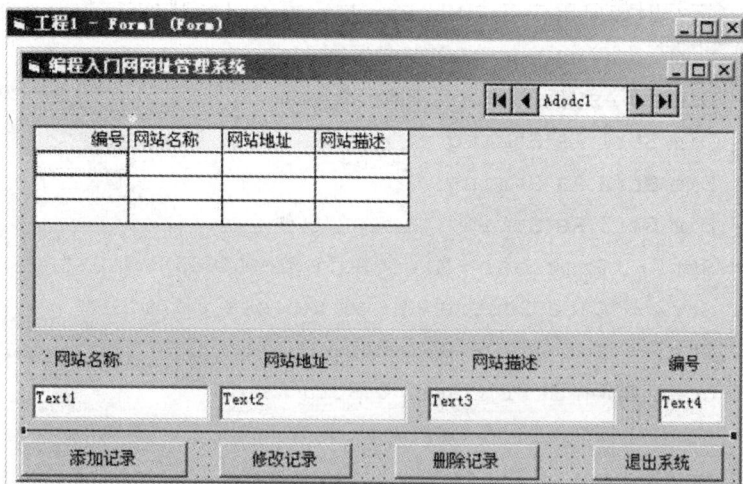

图6 设计界面

（10）为对象添加事件代码。

① Form1 的 Load 事件代码：

```
Private Sub Form_Load()
    Form1.MS1.ColWidth(0)=600
    Form1.MS1.ColWidth(1)=1000
    Form1.MS1.ColWidth(2)=2300
    Form1.MS1.ColWidth(3)=4000
    Form1.Text1.Text=""
    Form1.Text2.Text=""
    Form1.Text3.Text=""
    Form1.Text4.Text=""
End Sub
```

上述代码在系统初始化时设置 MSHFlexGrid 控件的列宽，并将文本框置空。

② "添加记录"按钮（Command1）的 Click 事件代码：

```
Private Sub Command1_Click()
    Dim sc As Integer
    If Text1.Text="" Or Text2.Text="" Or Text3.Text="" Then
'即网站名称、网站地址和网站描述的内容必须填全了才打开数据库连接并写入
'数据
'由于系统数据库设计为"编号"字段采用的是 Access 的自动编号
'因此在添加记录时不接收编号的数据
'由 Access 自动加编号 MsgBox("请输入完整的网站信息")
    Else
      sc=MsgBox("确实要添加这条记录吗?",vbOKCancel,"提示信息")
      If sc=1 Then
```

```
'运行时如果用户点击 MsgBox 提示框的"确定"按钮,则返回值是 1
Dim conn As New ADODB.Connection
Dim rs As New ADODB.Recordset
Dim Str1 As String
Dim Str2 As String
Dim Str3 As String
Str1 = "Provider = Microsoft.Jet.OLEDB.4.0;"
Str2 = "Data Source = E:\vb\Access_db.mdb;"
Str3 = "Jet OLEDB:Database Password = "
conn.Open Str1 & Str2 & Str3
strSQL = "select * from wzdz"
rs.Open strSQL, conn, 3, 3
rs.AddNew
rs!网站名称 = Text1.Text
rs!网站地址 = Text2.Text
rs!网站描述 = Text3.Text
rs.Update
rs.Close
conn.Close
MsgBox("添加记录成功!")
Adodc1.Refresh
                '刷新数据源,MSHFlexGrid 控件会实时刷新显示数据
    End If
'以下 4 条语句的作用是在操作完成后将文本框置空
Text1.Text = ""
Text2.Text = ""
Text3.Text = ""
Text4.Text = ""
End If
End Sub
```

③"修改记录"按钮(Command2)的 Click 事件代码:

```
Private Sub Command2_Click()
Dim sc As Integer
If Not IsNumeric(Text4.Text) Or Val(Text4.Text) = 0 Then
    '编号字段是 Access 的自动编号,为自然数
    '因此对 Text4 的内容进行校验,如果不是数值或为 0 则跳出 Sub 过程
    MsgBox "记录号是大于 0 的自然数,请输入正确的编号!"
End If
If Text1.Text = "" Or Text2.Text = "" Or Text3.Text = "" Then
```

```
      '对 3 个文本框的内容进行校验,不接收空值
        MsgBox "请输入完整的网站信息!"
    End If
    sc = MsgBox( "确实修改这条记录吗?", vbOKCancel, "提示信息")
    If sc = 1 Then
    '运行时如果用户点击 MsgBox 提示框的"确定"按钮,则返回值是1
        Dim conn As New ADODB.Connection
        Dim rs As New ADODB.Recordset
        Dim Str1 As String
        Dim Str2 As String
        Dim Str3 As String
        Str1 = "Provider = Microsoft.Jet.OLEDB.4.0;"
        Str2 = "Data Source = E: \vb \Access_db.mdb;"
        Str3 = "Jet OLEDB:Database Password = "
        conn.Open Str1 & Str2 & Str3
        strSQL = "select * from wzdz where 编号 = " & Val(Text4.Text) & ""
        rs.Open strSQL, conn, 3, 3
        If rs! 编号 = Val(Text4.Text) Then
'由于系统数据库使用的是自动编号作为主键
'因此以编号字段的内容作为判断的依据。
'如果 rs! 编号 = Val(Text4.Text),则说明数据库中有此记录,此时才会修改
    '其他 3 个字段的内容,否则给出"不存在此记录"的提示信息并关闭数据连接
            rs! 网站名称 = Text1.Text
            rs! 网站地址 = Text2.Text
            rs! 网站描述 = Text3.Text
            rs.Update
            rs.Close
            conn.Close
            MsgBox ( "修改记录成功!")
            Adodc1.Refresh
            '刷新数据源,MSHFlexGrid 控件会实时刷新显示数据
        Else
            MsgBox ( "不存在此记录!")
            Text1.Text = ""
            Text2.Text = ""
            Text3.Text = ""
            Text4.Text = ""
            rs.Close
            conn.Close
```

```
        End If
    End If
    '以下4条语句的作用是在操作完成后将文本框置空
    Text1.Text = ""
    Text2.Text = ""
    Text3.Text = ""
    Text4.Text = ""
End Sub
```

④ "删除记录"按钮（Command3）的 Click 事件代码：

```
Private Sub Command3_Click()
    If Not IsNumeric(Text4.Text) Or Val(Text4.Text) = 0 Then
    '编号字段是 Access 的自动编号，为自然数
    '因此对 Text4 的内容进行校验，如果不是数值或为0则跳出 Sub 过程
        MsgBox "编号是大于0的自然数，请输入正确的编号!"
    End If
    Dim sc As Integer
    sc = MsgBox("确实要删除这个记录吗?", vbOKCancel, "删除确认!")
    If sc = 1 Then
    '运行时如果用户点击 MsgBox 提示框的"确定"按钮，返回值是1
     Dim conn As New ADODB.Connection
     Dim rs As New ADODB.Recordset
     Dim Str1 As String
     Dim Str2 As String
     Dim Str3 As String
     Str1 = "Provider = Microsoft.Jet.OLEDB.4.0;"
     Str2 = "Data Source = E:\vb\Access_db.mdb;"
     Str3 = "Jet OLEDB:Database Password = "
     conn.Open Str1 & Str2 & Str3
     strSQL = "select * from wzdz where 编号 = " & Val(Text4.Text) & ""
     rs.Open strSQL, conn, 3, 3
     If rs! 编号 = Val(Text4.Text) Then
        '由于系统数据库使用 Access 自动编号作为主键
        '因此以编号字段的内容作为判断的依据
        '如果 rs! 编号 = Val(Text4.Text)，则说明数据库中该记录
            '可进行删除操作
        '否则给"不存在此记录"的提示信息并关闭数据连接
        rs.Delete
        rs.Close
        conn.Close
```

```
        MsgBox ("删除记录成功!")
        Adodc1.Refresh
          '刷新数据源,MSHFlexGrid 控件会实时刷新显示数据
      Else
        MsgBox ("不存在此记录!")
        Text4.Text = ""
        rs.Close
        conn.Close
      End If
    End If
    '以下 4 条语句的作用是在操作完成后将文本框置空
    Text1.Text = ""
    Text2.Text = ""
    Text3.Text = ""
    Text4.Text = ""
  End Sub
```

⑤ "退出系统"按钮(Command4)的 click 事件代码:

```
Private Sub Command4_Click()
  Dim sc As Integer
  sc = MsgBox("确实要退出系统吗?", vbOKCancel, "提示信息")
  If sc = 1 Then
    '运行时如果用户点击 MsgBox 提示框的"确定"按钮,则返回值是 1
  End If
End Sub
```

添加完事件代码之后,这个实例至此完成。

第二篇

Visual Basic 实训

实训一
数据库应用程序设计

一、项目简介

建立一个图书销售管理系统,使书店管理工作规范化、系统化、程序化,提高书店信息处理的速度和准确性,能够及时、准确、有效地查询和修改书籍情况。

图书销售管理系统的主要功能包括图书销售管理、图书的管理、图书类别的管理、销售统计、会员管理、系统管理、帮助等。

图书销售管理包括:图书销售、预定图书、会员活动、客户意见、客户意见查询。

图书的管理包括:图书信息查询、新书增订、新图书添加。

图书类别的管理包括:添加类别、类别管理。

销售统计包括:年销售统计、月销售统计。

会员管理包括:会员注册、会员信息管理。

系统管理包括:管理员信息修改、退出系统。

帮助包括:使用说明、关于。

二、项目目标

1. 知识目标

(1)使学生熟练掌握 VB 数据库访问方法。

(2)能够用 VB 开发一个小型的数据库应用系统。

2. 能力目标

旨在让学生通过动手、动脑解决实际问题,这是学生学完课程后进行的一次全面的综合训练,也是一个非常重要的教学环节。该课程设计使学生经历一次综合运用所学知识、解决实际问题的过程。

3. 素质目标

(1)培养学生独立思考的能力,并激发学生的实际开发创造的意识和能力。

(2)锻炼学生理论联系实际的能力。

三、项目内容

1. 题目

图书馆销售系统。

2. 数据表设计

以图书销售管理为例,书名需要的数据表,包括管理员表、会员信息表、图书表、图书类型表、订单表、订单信息表、图书销售表、顾客意见表等八张数据表。结构及数据说明如下:

(1)管理员表(见表1.1),表名:Admin。

表1.1　管理员表

字段名	中文名称	数据类型	属　性	说　明
UeserID	管理员编号	Int(4)	主键	
UserName	管理员账号	Varchar(16)	非空	
PassWord	管理员密码	Varchar(16)	非空	
UserState	管理员状态	Char(2)	默认为'是'	'是'或'否'

(2)会员信息表(见表1.2),表名:IdeaUserName。

表1.2　会员信息表

字段名	中文名称	数据类型	属　性	说　明
UeserID	会员编号	Int(4)	主键	
UserName	会员名称	Varchar(16)	非空	
Password	会员密码	Varchar(16)	非空	
Sex	性别	Char(2)	默认为'是'	'是'或'否'
Old	年龄	Int(4)		
Tel	联系电话	Varchar(14)		
Address	联系地址	Varchar(100)		
Info	会员说明	Varchar(200)		
Integal	积分	Int(4)	默认为0	

(3)图书表(见表1.3),表名:Book。

表1.3　图 书 表

字段名	中文名称	数据类型	属　性	说　明
BookID	图书编号	Char(10)	主键	
BookName	图书名称	Varchar(50)	非空	
Penster	作者	Varchar(8)		
BookConcern	出版社	Varchar(50)		
ClassID	类别编号	Int(4)	外键	
Number	库存量	Int(4)	默认为0	
Cululate	累积量	Int(4)	默认为0	

续表

字段名	中文名称	数据类型	属 性	说 明
Price	价格	Money(8)	默认为0	
Associator	会员价	Money(8)	默认为0	
Integal	兑换积分	Int(4)		
Address	存放位置	Varchar(100)		

（4）图书类型表（见表1.4），表名：BookClass。

表1.4 图书类型表

字段名	中文名称	数据类型	属 性	说 明
ClassID	类别编号	Int(4)	主键	
ClassName	类别名称	Varchar(20)	非空	
Orderby	排序序号	Int(4)	默认为0	

（5）订单表（见表1.5），表名：Reserve。

表1.5 订单表

字段名	中文名称	数据类型	属 性	说 明
ReserveID	订单编号	Char(6)	主键	
ReserveDate	订单日期	Datetime(8)	非空	
GetDate	取货日期	Datetime(8)	非空	
UserName	订单人姓名	Varchar(8)	非空	
UserTel	联系电话	Varchar(14)		
UserAddree	联系地址	Varchar(50)		
UserInfo	订单说明	Varchar(100)		
Subscription	押金	Money(8)		
Estate	状态(是否结算)	Char(2)	默认为'否'	'是'或'否'
AssociatorID	会员编号	Char(6)	外键	

（6）管理员表（见表1.6），表名：Reserve。

表1.6 管理员表

字段名	中文名称	数据类型	属 性	说 明
id	信息编号	Int(4)	主键	
ReserveID	订单编号	Char(6)	外键	
BookID	图书编号	Char(10)	外键	
BookNumber	订单数量	Int(4)		

（7）订单表（表 1.7），表名：Sell。

表 1.7　订单表

字段名	中文名称	数据类型	属 性	说 明
SellID	销售编号	Int(4)	主键	
BookID	图书编号	Char(10)	外键	
Number	销售数量	Int(4)		
SellDate	出售日期	Datetime(8)	默认为当前日期	
SellMoney	价格	Money(8)		
AssociatorID	会员编号	Char(6)	外键	
SellMode	销售方式	Char(6\2)	默认为'否'	'是'或'否'

（8）客户意见表（表 1.8），表名：UserIdea。

表 1.8　客户意见表

字段名	中文名称	数据类型	属 性	说 明
Ideaid	意见编号	Int(4)	主键（自动编号）	
IdeaContent	意见内容	Varchar(50)	非空	
IdeaDate	意见提出日期	Datetime(8)		
IdeaUserName	客户姓名	Varchar(8)		

3. 操作步骤

（1）启动 VB，新建一个标准 EXE 工程，制作菜单。

（2）启动 Access，单击"文件|新建|空数据库"，将文件名改为"图书销售"，保存位置改为 C 盘根目录。

（3）在"表"对象视图中，单击"新建|设计视图"，在设计视图中输入要求的各个数据表字段及相应的数据类型。

（4）在 VB 中，单击"工程|引用|Microsoft DAO 3.6 Object Library"。

（5）窗体和代码设计。

4. 实训报告内容

（1）题目。

（2）问题需求分析。

（3）总体设计（数据字典、E-R 图）。

（4）详细设计（部分代码）。

（5）测试数据和调试报告（实现截图）。

（6）小结。

四、项目要求

（1）要使用所有已讲过的常用控件。

（2）要使用菜单栏、工具栏和任务栏、通用对话框。

（3）能够连接和存取 Access 或 SQL Server 数据库。

（4）有数据输入、修改、删除、查询和打印预览功能。

五、任务分配(学生填写)

学号	姓名	任务内容

（1）教师和企业专家介绍销售管理基本知识,演示并讲解后台管理。

（2）教师提出项目任务和要求。

（3）学生以 5～6 人为学习小组,进行任务分配和确认。

（4）学生在教师和企业专家指导下,实施任务。

（5）以小组为单位,进行讨论与交流,交流驿站审核的注意事项,以及系统后台管理技巧。

（6）实训后记录实训步骤,并陈述观点,完成实训报告。

（7）每个小组选派代表进行成果展示并汇报,总结项目实施情况及收获,完成驿站审核准则和系统后台管理的总结。

（8）根据教师和同学的修改建议,再次修订实训报告;综合评出优秀实训报告。

六、考核标准

（1）注重过程考核,关注业务操作、项目报告、汇报交流等环节的评价。

（2）注重学生的工作态度、合作精神、职业素养等。

（3）提高学生创新能力的考核权重,重视学生在项目作业中的想象力、创造力。

（4）评价方式采用学生自评、互评与教师评价相结合,提高学生的参与性与积极性。

（5）具体考核指标:

序号	考核项目及分值比例	评价标准	考核方式及单项权重		
			学生自评/%	小组评价/%	教师评价/%
1	工作态度(20分)	工作态度认真,与小组成员团结合作	20	30	50
2	实施过程(30分)	按实训要求及时正确完成任务	20	30	50
3	实训报告(30分)	层次分明,条理清晰,内容真实完整	20	30	50
4	汇报和交流(20分)	汇报内容完整,主题突出,清晰流利,仪态大方	20	30	50
总计	100分				

七、教学环境

Visual Basic 6.0。
Microsoft Office Access 2003 或 SQL Server。
Windows XP/Windows 7。

实训二
VB 编程设计制作电子相册

一、项目简介

日常生活中有很多制作电子相册的软件,利用它们可以做出各式各样的像册,今天就自己动手编写一个"制作电子相册"程序,体验成为"软件制作者"的感觉。

二、项目目标

1. 知识目标

(1)了解图像框控件的作用及 VB 支持的图像文件格式。

(2)学会在窗体设计状态设置图像框的 Stretch 和 Picture 属性。

(3)熟练掌握 LoadPicture 函数的使用方法,理解 App. Path 的作用。

(4)学会在编写事件处理过程代码中设置图像框的属性。

2. 能力目标

(1)体会运用编程解决问题的基本思想,逐步培养学生利用编程解决实际问题的能力。

(2)掌握对象属性设置的两种方法——属性窗口和编写代码,形成从不同的角度思考问题、采用不同的手段解决问题的能力。

(3)发展学生自主学习和协作学习计算机编程的能力。

3. 素质目标

(1)培养学生严谨的学习态度和主动探究的意识。

(2)感受程序设计的神奇魅力,认识程序设计的重要性,提高学习编程的兴趣,增强运用计算机编程解决问题的意识。

(3)树立合作精神,增强交流意识。

三、项目内容

(1)在程序设计阶段,利用图像框控件显示一幅图片。

(2)在编写事件处理过程代码中,使用 LoadPicture 函数在图像框中装入图片。

四、项目要求

(1)参考样例进行制作,图片可以自由选择。

（2）将窗体的标题设为"制作电子相册"。

（3）用 LoadPicture 函数装入图片时，可以分别使用绝对路径和相对路径来实现。

（4）以组为单位，自主协作完成项目内容中的两个任务。

五、任务分配（学生填写）

学号	姓名	任务内容

六、项目实施过程

（1）教师引导学生与前边所学的控件做比较。在窗体设计状态，设置标签控件的有关属性可以显示文字等提示信息。如果要显示图片，就需要一个新的控件：图像框 Image 控件，同样可以通过设置它的一些属性来装入图片。

（2）围绕任务组织学生自主与协作学习。

① 学习准备（学习平台和资源）。

② 学习过程（见表 2.1）。

表 2.1　任务驱动法制作电子相册

任务一学生的学习过程	任务一教师的指导过程
（1）学生在教师的引导下，以小组为单位，通过读书、讨论、实际动手操作，自主协作完成任务一。 （2）学生演示，引入控件→设置其 Picture 属性，出现问题，学生讨论。 （3）师生共同解决此问题，得出结论： 在窗体设计状态，引入了图像框控件之后，一定要记住设置其 Stretch 属性。当属性值为 True 时，将自动放大或缩小图像框中的图像，以与图像框大小相适应。 （4）学生回答：图片装入到了窗体中。通过思考实践得出，在装入图片时要注意选择对象。	（1）给出任务，教师来回巡视，注意发现典型问题：引入了图像框之后，没有将其 Stretch 属性设置为 True，导致图像框撑大，图像显示不完整。教师也可在适当的时机提出这个问题，以引起学生注意。 （2）让出现上述问题的学生上台演示，并解释 Stretch 属性和 Picture 属性的含义。 （3）教师引导学生解决问题。 （4）教师对本任务进行小结： ① 观察、体会图像框控件的作用，了解 VB 支持的图像文件格式； ② 理解图像框的 Stretch 属性、Picture 属性值不同设置的作用。

任务一学生的学习过程	任务一教师的指导过程

小结完任务一之后,引入任务二并进行分析:任务一是通过属性窗口设置对象的属性,任务二通过点击按钮让图像框显示不同的图片。

点击图二按钮

点击图二按钮

任务二学生的学习过程	任务二教师的指导过程
（1）学生参考课本,以小组为单位完成代码的编写,最后将工程所在的文件夹以自己的姓名来命名,并存放到教师机的"程序"文件夹下。 （2）小组演示自己的程序,并解释程序代码。其他同学可以提出自己的做法或见解,教师参与讨论。 （3）通过讨论,得出以下结论: ① Loadpicture 函数的功能是向图像框中装入图像,使用时注意绝对路径与相对路径的区别: 相对路径: Image1. Picture = LoadPicture(app. path & " \文件名") 绝对路径: Image1. Picture = LoadPicture("路径\文件名") ② 在相对路径中用到了 App. Path,它表示当前建立的工程所在的文件夹,使用了它之后,图片与工程必须保存到同一文件夹下。 ③ 编写代码时要弄清楚给哪个对象添加代码,进一步理解事件的概念。	（1）给出任务,教师巡回指导、点拨,在巡视过程中注意发现任务完成比较好的小组。 教师提示:代码要在英文状态下输入,尤其是路径中的引号,否则会出现编译错误。 （2）让完成比较好的小组上台演示,并解释代码。教师在适当的时候提出以下问题: ① 你的 LoadPicture 函数用的是绝对路径还是相对路径? 它们有什么区别? ② App. Path 的含义是什么? ③ 使用了 App. Path 之后要注意什么问题? ④ 给哪个对象添加代码,按钮还是图像框? （3）教师对本任务进行小结、拓展: ① 学习在事件处理过程代码中设置图像框控件的属性。 ② 熟练掌握 LoadPicture 函数的使用,注意相对路径与绝对路径的区别。 ③ 由图像框控件的学习引出设置对象属性的两种方法:在程序设计阶段,通过属性窗口来直接设置对象的属性;在编写事件处理过程代码中设置对象的属性,其格式为: 　　　　对象名称. 属性名 = 属性值

七、考核标准

（1）重过程考核,关注业务操作、项目报告、汇报交流等环节的评价。

（2）注重学生的工作态度、合作精神、职业素养等。

（3）提高学生创新能力的考核权重,重视学生在项目作业中的想象力、创造力。

（4）评价方式采用学生自评、互评与教师评价相结合,提高学生的参与性与积极性。

（5）具体考核指标：

序号	考核项目及分值比例	评价标准	考核方式及单项权重		
			学生自评/%	小组评价/%	教师评价/%
1	工作态度（20 分）	工作态度认真，与小组成员团结合作	20	30	50
2	实施过程（30 分）	按实训要求及时正确完成任务	20	30	50
3	实训报告（30 分）	层次分明，条理清晰，内容真实完整	20	30	50
4	汇报和交流（20 分）	汇报内容完整，主题突出，清晰流利，仪态大方	20	30	50
总计		100 分			

八、教学环境

Visual Basic 6.0。

Microsoft Office Access 2003 或 SQL Server。

Windows XP/Windows 7。

实训三

绘图及图像控件的使用

一、项目简介

当今社会信息表达的需求已经不只满足于单一的文字表述,而是更多地需要多媒体形式的信息呈现。最基本的一种多媒体表现形式就是图形图像,所以图像的绘制成为计算机信息处理的基础。"绘图板"提供了图像的基本绘制功能。

绘图板的主要功能包括线、矩形、椭圆的绘制和手绘功能,色彩的设置,绘制线型的选择,绘制线粗细的设置等。

二、项目目标

1. 知识目标

(1)熟练掌握 VB 中各类图形的绘制方法及相关参数的设置。

(2)能够用 VB 开发一个小型的应用软件。

2. 能力目标

旨在让学生通过动手动脑解决实际问题,自主完成实际应用软件的设计与开发,这是学生学完课程后进行的一次全面的综合训练,也是一个非常重要的教学环节。课程设计可使学生拥有一次综合运用所学知识、解决实际问题的经历。

3. 素质目标

(1)培养学生理论联系实际和独立思考的能力,并激发学生的实际开发创造的意识和能力。

(2)锻炼学生理论练习联系实际的能力。

三、项目内容

1. 题目

(1)绘图板的基本实现(可以绘制点、线、矩形、椭圆等基本图形)。

(2)实现所绘图形颜色的设置。

(3)实现所绘图形线型的设置。

(4)实现所绘图形线条粗线的设置。

(5)其他自选内容。

2. 参考界面

程序参考界面如图 3.1 所示。

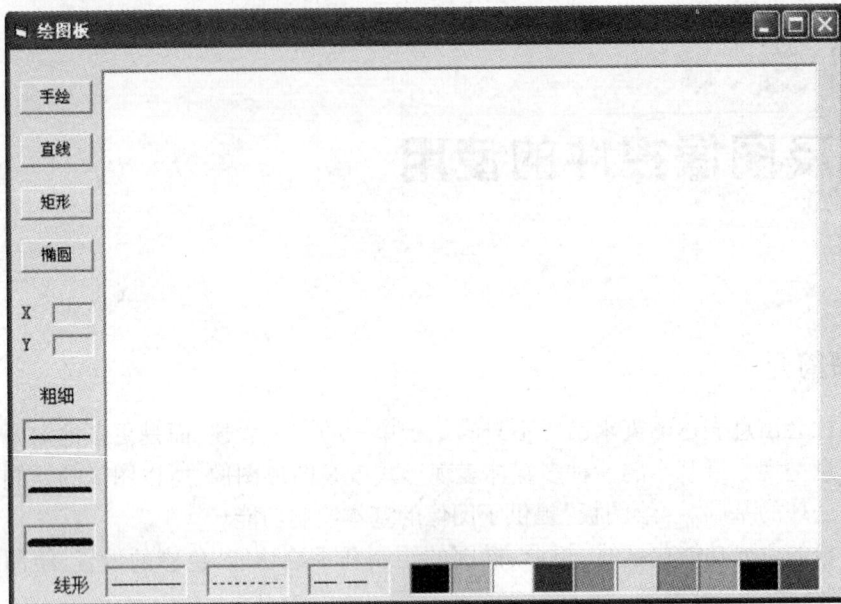

图 3.1　实训参考界面

3. 操作步骤

(1) 启动 VB,新建一个标准 EXE 工程,按照参考界面设计窗体。

(2) 根据题目要求,编写程序代码。

(3) 调试程序,修改错误。

(4) 保存窗体和工程文件。

4. 实训报告内容

(1) 题目。

(2) 问题需求分析。

(3) 总体设计。

(4) 详细设计(核心代码)。

(5) 测试数据和调试报告(实现截图)。

(6) 小结。

四、项目要求

(1) 要求使用已经学习过的常用控件。

(2) 要求能实现基本的鼠标绘图功能。

(3) 要求能根据要求设置绘图的颜色、线形、粗细等。

(4) 学有余力的学生,可以实现将图片框中的内容以图片文件的形式存盘。

五、任务分配(学生填写)

学号	姓名	任务内容

六、项目实施过程

(1)教师提出项目任务和要求。

(2)学生以3~4人为学习小组,进行任务分配和确认。

(3)学生在教师指导下实施任务。

(4)以小组为单位进行讨论与交流。

(5)如实记录实训步骤,并陈述观点,完成实训报告。

(6)每个小组选派代表进行成果展示并汇报,总结项目实施情况及收获。

(7)根据教师和同学的修改建议,再次修订实训报告,综合评出优秀实训报告。

七、考核标准

(1)注重过程考核,关注实训操作、项目报告、汇报交流等环节的评价。

(2)注重学生的工作态度、合作精神、职业素养等。

(3)提高学生创新能力的考核权重,重视学生在项目作业中的想象力、创造力。

(4)评价方式采用学生自评、互评与教师评价相结合,提高学生的参与性与积极性。

(5)具体考核指标:

序号	考核项目及分值比例	评价标准	考核方式及单项权重		
			学生自评/%	小组评价/%	教师评价/%
1	工作态度(20分)	工作态度认真,与小组成员团结合作	20	30	50
2	实施过程(30分)	按实训要求及时正确完成任务	20	30	50
3	实训报告(30分)	层次分明,条理清晰,内容真实完整	20	30	50
4	汇报和交流(20分)	汇报内容完整,主题突出,清晰流利,仪态大方	20	30	50
总计		100分			

八、教学环境

Visual Basic 6.0。

Windows XP/Windows 7。

实训四
关键词抽取系统 TF-IDF 算法实现

一、项目简介

TF-IDF 是一种统计方法,用以评估某一字词对于一个文档库(多个文档的集合)的其中一份文档的重要程度。其核心算法是:某个词汇的重要性随着它本身在其所在的文档中出现的次数成正比增加,但同时会随着它在文档库中出现的频率成反比下降。本项目假定一个文档库和一个词组(分词文档),要求使用 TF-IDF 算法来评估该词组中每一个词汇的重要程度,即获得每一个词的权重值,权重值越高,则表明该词汇越重要。文档库可以使用数据库,词组可使用 txt 文档或字符串数组。

二、项目目标

1. 知识目标
(1) 掌握 VB 访问数据库的基本操作。
(2) 能够了解词汇权重评估的知识。
(3) 能够利用算法核心建立一个简单的词汇评估系统。

2. 能力目标
旨在让学生通过动手动脑解决实际问题,这是学生学完课程后进行的一次全面的综合训练,也是一个非常重要的教学环节。课程设计可使学生经历一次综合运用所学知识、解决实际问题的过程。

3. 素质目标
(1) 培养学生理论联系实际和独立思考的能力,并激发学生的实际开发创造的意识和能力。
(2) 锻炼学生解决实际工程问题的能力。

三、项目内容

1. 题目
(1) 设计文档库的数据库,可采用 Access 数据库或者 xls 文件。
(2) 系统主界面设计。
(3) 设计从文档库数据库中导入文档库功能。
(4) 设计导入已分词的单篇文档,或静态字符串数组。

（5）实现文档中每一个词汇的 TF-IDF 算法。

（6）设计权重显示界面，排序重要词汇。

2. 数据建立

（1）文档库数据

文档库可使用数据库存储方式或者 xls 文件方式进行存储，其结构如图 4.1 所示。

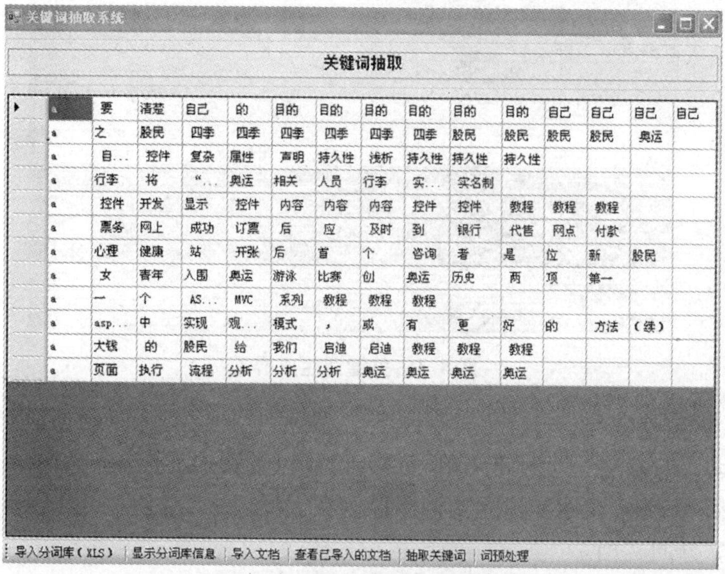

图 4.1　关键词抽取系统界面

注意：每一行表示了一篇文档，行的集合代表了文档库。每一个单元格存储了单个的词汇。

（2）文档数据

文档数据可以从 txt 文件中获取，或者在程序内建立字符串数组。导入后可显示其内容，如图 4.2 所示。

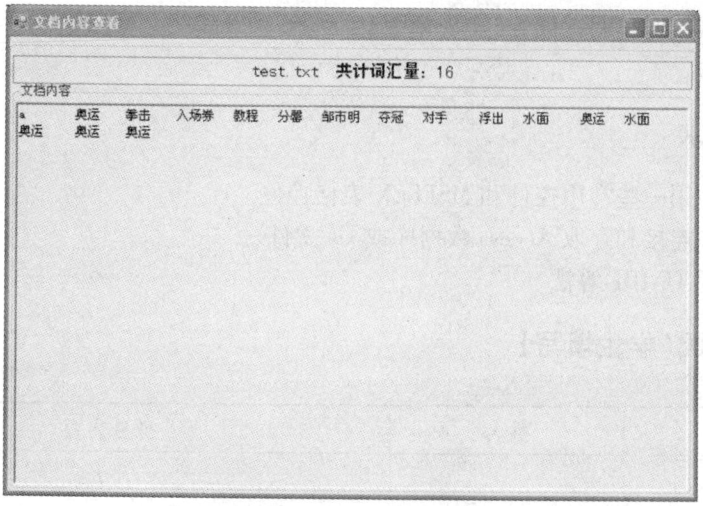

图 4.2　文档内容界面

（3）TF-IDF 计算结果界面如图4.3所示。

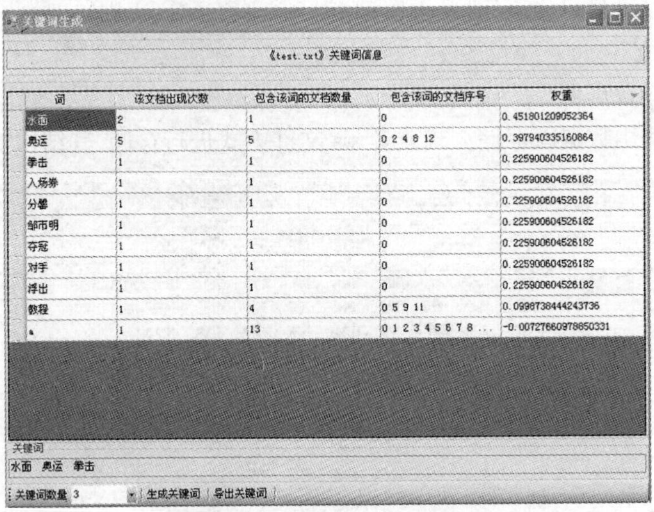

图4.3　关键词生成界面

3. 操作步骤

（1）启动 VB,新建一个标准 EXE 工程,仿制以上程序界面。

（2）启动 Access,设计和建立文档库存储数据库。

（3）建立分词文档。

（4）在 VB 项目中,添加各相应数据控件。

（5）窗体和代码设计。

4. 实训报告内容

（1）题目。

（2）问题需求分析。

（3）总体设计(数据字典、E-R 图)。

（4）详细设计(部分代码)。

（5）测试数据和调试报告(实现截图)。

（6）小结。

四、项目要求

（1）要使用一些常用控件和 MSFLEX 表格控件。

（2）能够连接和存取 Access 数据库或 xls 文件。

（3）实现 TF-IDF 算法。

五、任务分配(学生填写)

学号	姓名	任务内容

六、项目实施过程

（1）教师介绍文档词汇权重知识,演示并讲解 TF-IDF 算法。

（2）教师提出项目任务和要求。

（3）学生以 5~6 人为学习小组,进行任务分配和确认。

（4）学生在教师指导下实施任务。

（5）以小组为单位进行讨论与交流,解决 TF-IDF 算法流程。

（6）实训后记录实训步骤,并陈述观点,完成实训报告。

（7）每个小组选派代表进行成果展示并汇报,总结项目实施情况及收获。

（8）根据教师和同学的修改建议,再次修订实训报告,综合评出优秀实训报告。

七、考核标准

（1）注重过程考核,关注业务操作、项目报告、汇报交流等环节的评价。

（2）注重学生的工作态度、合作精神、职业素养等。

（3）提高学生创新能力的考核权重,重视学生在项目作业中的想象力、创造力。

（4）评价方式采用学生自评、互评与教师评价相结合,提高学生的参与性与积极性。

（5）具体考核指标:

序号	考核项目及分值比例	评价标准	考核方式及单项权重		
			学生自评/%	小组评价/%	教师评价/%
1	工作态度(20分)	工作态度认真,与小组成员团结合作	20	30	50
2	实施过程(30分)	按实训要求及时正确完成任务	20	30	50
3	实训报告(30分)	层次分明,条理清晰,内容真实完整	20	30	50
4	汇报和交流(20分)	汇报内容完整,主题突出,清晰流利,仪态大方	20	30	50
总计	100分				

八、教学环境

Visual Basic 6.0。

Microsoft Office Access 2003 或 Excel 2003。

Windows XP/Windows 7。

实训五

公差数据查询系统

一、项目简介

精度设计是机械设计中的重要环节,而各种公差数据的选择和查询是进行精度设计的基础。机械设计中公差数据(包括尺寸公差、形状公差、方向公差、位置公差等)的表格众多,查询繁琐。本项目开发应用程序,实现常用公差数据的查询。系统主参考界面如图5.1所示。

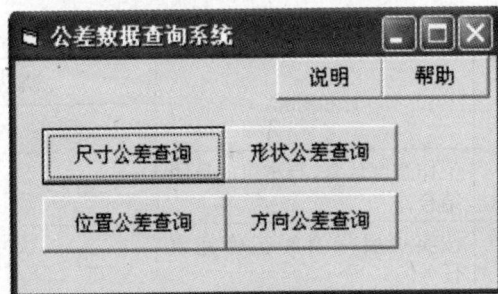

图 5.1　项目主界面(参考)

用户单击不同的公差查询按钮,进入相应公差数据查询界面进行数据查询操作。

二、项目目标

1. 知识目标

(1)掌握 VB 访问数据库的基本操作。

(2)应用 VB 开发一个小型的数据库应用系统。

2. 能力目标

旨在让学生通过动手动脑解决实际问题,这是学生学完课程后进行的一次全面的综合训练,也是一个非常重要的教学环节。课程设计可使学生经历一次综合运用所学知识、解决实际问题的过程。

3. 素质目标

(1)培养学生理论联系实际和独立思考的能力,并激发学生的实际开发创造的意识和能力。

(2)锻炼学生解决实际工程问题的能力。

三、项目内容

1. 题目

（1）系统主界面设计。

（2）尺寸公差查询系统设计。

（3）形状公差查询系统设计。

（4）方向公差查询系统设计。

（5）位置公差查询系统设计。

2. 数据表

（1）尺寸公差查询

尺寸公差数据表见表5.1，查询界面如图5.2所示（界面仅供参考）。

表5.1 尺寸公差表（um）（节选）

基本尺寸范围（mm）		公差等级														
		IT1	IT2	IT3	IT4	IT5	IT6	IT7	IT8	IT9	IT10	IT11	IT12	IT13	IT14	IT15
0	3	0.8	1.2	2	3	4	6	10	14	25	40	60	100	140	250	400
3	6	1	1.5	2.5	4	5	8	12	18	30	48	75	120	180	300	480
6	10	1	1.5	2.5	4	6	9	15	22	36	58	90	150	220	360	580
10	18	1.2	2	3	5	8	11	18	27	43	70	110	180	270	430	700
18	30	1.5	2.5	4	6	9	13	21	33	52	84	130	210	330	520	840
30	50	1.5	2.5	4	7	11	16	25	39	62	100	160	250	390	620	1000
50	80	2	3	5	8	13	19	30	46	74	120	190	300	460	740	1200
80	120	2.5	4	6	10	15	22	35	54	87	140	220	350	540	870	1400
120	180	3.5	5	8	12	18	25	40	63	100	160	250	400	630	1000	1600
180	250	4.5	7	10	14	20	29	46	72	115	185	290	460	720	1150	1850
250	315	6	8	12	16	23	32	52	81	130	210	320	520	810	1300	2100
315	400	7	9	13	18	25	36	57	89	140	230	360	570	890	1400	2300
400	500	8	10	15	20	27	40	63	97	155	250	400	630	970	1550	2500

当用户输入基本尺寸：70，选定公差等级：IT7，单击"查询"按钮，则将查询结果30显示在查询结果文本框中。

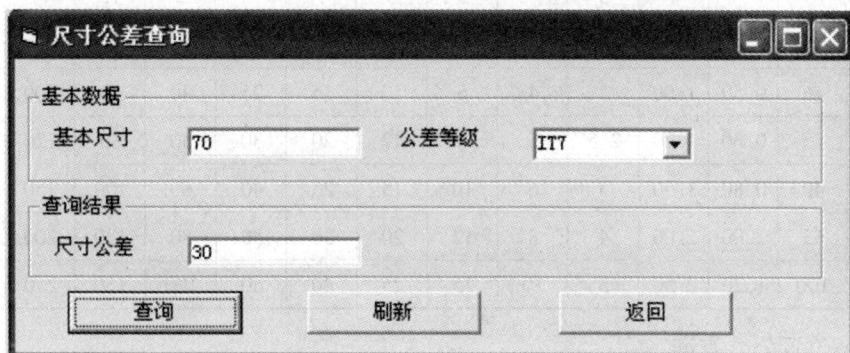

图5.2 尺寸公差查询界面

（2）形状公差查询

形状公差包括直线度公差、平面度公差、圆度公差和圆柱度公差,其公差数值见表 5.2、表 5.3。

表 5.2 直线度、平面度公差数值表（um）（节选）

基本尺寸 范围（mm）		公差等级										
		1	2	3	4	5	6	7	8	9	10	11	12
0	10	0.2	0.4	0.8	1.2	2	3	5	8	12	20	30	60
10	16	0.25	0.5	1	1.5	2.5	4	6	10	15	25	40	80
16	25	0.3	0.6	1.2	2	3	5	8	12	20	30	50	100
25	40	0.4	0.8	1.5	2.5	4	6	10	15	25	40	60	120
40	63	0.5	1	2	3	5	8	12	20	30	50	80	150
63	100	0.6	1.2	2.5	4	6	10	15	25	40	60	100	200

表 5.3 圆度、圆柱度公差数值表（um）（节选）

基本尺寸 范围（mm）		公差等级										
		1	2	3	4	5	6	7	8	9	10	11	12
0	3	0.20	0.30	0.50	0.80	1.20	2	3	4	6	10	14	25
3	6	0.20	0.40	0.60	1.00	1.50	2.5	4	5	8	12	18	30
6	10	0.25	0.40	0.60	1.00	1.50	2.5	4	6	9	15	22	36
10	18	0.25	0.50	0.80	1.20	2.00	3	5	8	11	18	27	43
18	30	0.30	0.60	1.00	1.50	2.50	4	6	9	13	21	33	52
30	50	0.40	0.60	1.00	1.50	2.50	4	7	11	16	25	39	62

（3）方向公差查询

方向公差包括平行度公差、垂直度公差和倾斜公差度,其公差数值见表 5.4。

表 5.4 平行度、垂直度和倾斜度公差数值表（um）（节选）

基本尺寸 范围（mm）		公差等级										
		1	2	3	4	5	6	7	8	9	10	11	12
0	10	0.40	0.80	1.5	3	5	8	12	20	30	50	80	120
10	16	0.50	1.00	2	4	6	10	15	25	40	60	100	160
16	25	0.60	1.20	2.5	5	8	12	20	30	50	80	120	200
25	40	0.80	1.50	3	6	10	15	25	40	60	100	150	250
40	63	1.00	2.00	4	8	12	20	30	50	80	120	200	300
63	100	1.20	2.50	5	10	15	25	40	60	100	150	250	400

（4）位置公差查询

位置公差包括同轴度公差、对称度公差、圆跳动和全跳动公差,其公差数值见表 5.5。

表 5.5 同轴度、对称度、圆跳动和全跳动公差数值表（um）（节选）

基本尺寸 范围（mm）		公差等级											
		1	2	3	4	5	6	7	8	9	10	11	12
0	1	0.40	0.60	1	1.5	2.5	4	6	10	15	25	40	60
1	3	0.40	0.60	1	1.5	2.5	4	6	10	20	40	60	120
3	6	0.50	8.00	1.2	2	3	5	8	12	25	50	80	150
6	10	0.60	1.00	1.5	2.5	4	6	10	15	30	60	100	200
10	18	0.80	1.20	2	3	5	8	12	20	40	80	120	250
18	30	1.00	1.50	2.5	4	6	10	15	25	50	100	150	300
30	50	1.20	2.00	3	5	8	12	20	30	60	120	200	400
50	120	1.50	2.50	4	6	10	15	25	40	80	150	250	500

3. 操作步骤

（1）启动 VB，新建一个标准 EXE 工程，制作主界面。

（2）启动 Access，单击"文件|新建|空数据库"，将文件名改为"公差查询"，保存位置改为 C 盘根目录。

（3）在"表"对象视图中，单击"新建|设计视图"，在设计视图中输入要求的各个数据表字段及相应的数据类型。

（4）在 VB 中，添加相应数据控件。

（5）窗体和代码设计。

4. 实训报告内容

（1）题目。

（2）问题需求分析。

（3）总体设计（数据字典、E-R 图）。

（4）详细设计（部分代码）。

（5）测试数据和调试报告（实现截图）。

（6）小结。

四、项目要求

1. 要使用所有已讲过的常用控件。

2. 能够连接和存取 Access 或 SQL Server 数据库。

3. 实现数据的查询功能。

五、任务分配（学生填写）

学号	姓名	任务内容

六、项目实施过程

（1）教师讲解机械精度设计和各种公差的基本含义及应用。

（2）教师提出项目任务和要求。

（3）学生以 5~6 人为学习小组，进行任务分配和确认。

（4）学生在教师指导下实施任务。

（5）以小组为单位进行讨论与交流。

（6）如实记录实训步骤，并陈述观点，完成实训报告。

（7）每个小组选派代表进行成果展示并汇报，总结项目实施情况及收获，完成驿站审核准则和系统后台管理的总结。

（8）根据教师和同学的修改建议，再次修订实训报告，综合评出优秀实训报告。

七、考核标准

（1）注重过程考核，关注业务操作、项目报告、汇报交流等环节的评价。

（2）注重学生的工作态度、合作精神、职业素养等。

（3）提高学生创新能力的考核权重，重视学生在项目作业中的想象力、创造力。

（4）评价方式采用学生自评、互评与教师评价相结合，提高学生的参与性与积极性。

（5）具体考核指标：

序号	考核项目及分值比例	评价标准	考核方式及单项权重		
			学生自评/%	小组评价/%	教师评价/%
1	工作态度(20 分)	工作态度认真，与小组成员团结合作	20	30	50
2	实施过程(30 分)	按实训要求及时正确完成任务	20	30	50
3	实训报告(30 分)	层次分明，条理清晰，内容真实完整	20	30	50
4	汇报和交流(20 分)	汇报内容完整，主题突出，清晰流利，仪态大方	20	30	50
总计		100 分			

八、教学环境

Visual Basic 6.0。

Microsoft Office Access 2003 或 SQL Server。

Windows XP/Windows 7。

参 考 文 献

［1］白康生. Visual Basic 程序设计［M］. 清华大学出版社,2006 年.

［2］龚沛曾,陆慰民. Visual Basic 程序设计简明教程［M］. 第 2 版. 高等教育出版社,2004 年.

［3］王温君,汪洋,等. Visual Basic 程序设计教程［M］. 清华大学出版社,2005 年.

［4］杨富国. Visual Basic 程序开发案例解析［M］. 清华大学出版社,北京交通大学出版社,2006 年.

［5］李兰友,王春娴,等. Visual Basic 程序设计及实训教程［M］. 清华大学出版社,北京交通大学出版社,2003 年.

［6］韩立毛. 程序设计基础(Visual Basic 程序设计)实验指导［M］. 东南大学出版,2006 年.

［7］蒿社平. Visual Basic 程序设计实验教程［M］. 河北科学技术出版社,2007 年.

［8］常晋义. Visual Basic 程序设计实验与实训指导［M］. 南京大学出版社,2010 年.

［9］黄刚,党向盈. Visual Basic 程序设计实用教程［M］. 中国矿业大学出版社,2010 年.

［10］刘光萍,赵勇. Visual Basic 程序设计实验指导［M］. 冶金工业出版社,2005 年.

［11］牛又奇,孙建国. 新编 Visual Basic 程序设计教程［M］. 苏州大学出版社,2008 年.

［12］李凡,孙艳红. Visual Basic 学习与实验指导［M］. 河海大学出版社,2005 年.